剪映 短视频 后期制作

［案例微课版］

孙琪　王军 ◎ 主编

人民邮电出版社

北京

图书在版编目（CIP）数据

剪映短视频后期制作：案例微课版 / 孙琪，王军主编. -- 北京：人民邮电出版社，2025. -- ISBN 978-7-115-67681-8

I. TN94

中国国家版本馆 CIP 数据核字第 20255PD604 号

内 容 提 要

本书主要讲解剪映 App 和剪映专业版在短视频后期制作中的使用方法与技巧。本书采用全新的知识架构体系进行讲解，并以短视频平台常见的商业项目为案例，帮助读者掌握剪映在短视频后期制作中的常用编辑方法，熟悉短视频后期制作中字幕、音乐、转场、特效、合成和调色等关键技术的运用及处理技巧。

全书内容以商业项目为主线，通过分析项目的制作思路、寻找合适的素材，进而逐步完成项目的制作。每个项目都安排有拓展训练，其中的内容是在短视频后期制作中经常用到的，读者可以根据步骤提示和教学视频进行学习。此外，为了方便读者拓宽知识面，本书附录部分还提供关于剪映短视频后期制作和关于 After Effects 视频后期特效的实训练习题，并配有教学视频。同时，本书还特别提供任务学习和评价活页卡片，方便教师进行"行动导向"的课堂教学。

本书附赠的学习资源包括所有商业项目、拓展训练和实训任务的素材文件、效果文件和教学视频，读者在实际操作过程中可以通过观看教学视频来学习。为了方便教师使用，本书还附赠可直接教学使用的 PPT 课件。

本书不仅可以作为职业院校数字媒体、艺术设计、电子商务、网络营销等相关专业的教材，还可以作为数字艺术教育培训机构的培训用书及初学者学习剪映短视频后期制作的参考书。

◆ 主　　编　孙　琪　王　军

责任编辑　张丹丹

责任印制　陈　犇

◆ 人民邮电出版社出版发行　　北京市丰台区成寿寺路 11 号

邮编　100164　电子邮件　315@ptpress.com.cn

网址　https://www.ptpress.com.cn

北京捷迅佳彩印刷有限公司印刷

◆ 开本：787×1092　1/16

印张：11.25　　　　　　　　2025 年 9 月第 1 版

字数：316 千字　　　　　　　2025 年 9 月北京第 1 次印刷

定价：59.80 元

读者服务热线：(010)81055410　印装质量热线：(010)81055316

反盗版热线：(010)81055315

嘿，同学，你是否用手机记录过丰富多彩的校园生活，或者剪辑过一段与心跳同频的节奏感视频？如今，短视频早已不专属于专业人士，而是一张每个人都能将其握在手中的"表达名片"。

三年前，我举着手机笨拙地拍摄并发布了人生中第一条抖音视频。那时我不会想到，随手拍的一条抖音视频会为我与短视频紧密联系在一起埋下伏笔。就这样我开始接触短视频创作，起初我只是抱着试一试的心态，记录一些校园生活和学习心得。没想到，我创作的短视频有幸得到了大家的喜爱，粉丝数量也开始慢慢增长。我逐渐意识到，短视频不仅仅是一种娱乐方式，更是一个展示自我、连接世界的平台。我开始研究短视频的创作技巧，学习拍摄、剪辑、文案写作，不断尝试新的内容和形式，希望输出的内容能更好，有更多正向反馈。

在钻研的过程中，我遇到了剪映。它简单易上手，功能很强大，从基础的剪辑、转场、特效到高级的调色、配音、字幕，都能轻松搞定。剪映就像我的得力助手，帮助我把一时的兴起变成完整且成熟的视频作品。很多同学想做自媒体、想拍视频，但又觉得短视频创作离自己很远——没有专业设备、不懂复杂剪辑、担心内容不够"高级"。剪映的存在，就是为了让你相信，表达的门槛可以很低，但创作的力量却可以很强。不要害怕自己拍了视频而不会剪辑，剪映有很多免费模板，也有很多详细教程，它相当于一位专业知识丰富的"老师"，能为我们引路，可以是我们创作短视频有力的助推器。本书也许没办法帮你把每条视频都变成"爆款"，但是本书会从最基础的剪辑操作开始讲解，像朋友一样陪你拆解每一个功能，让镜头替你"说话"，用音乐调动情绪，用文字传递态度。当学会把零散的片段拼接成完整的故事时，你会发现，那些不起眼的日常细枝末节，原来都闪着光。

从0到100万个粉丝，这条路并不容易。我经历过创作的瓶颈，也遭遇过质疑和否定。大数据时代，我依然相信真实与坚持的力量。只要勇敢开始，每天进步一点点，然后持续坚持，就一定能找到属于自己的方向。我想说："不要害怕尝试，不要害怕失败。找到自己热爱的领域，并为之付出努力。也许你也会像我一样，在短视频的世界里找到属于自己的一方天地。"翻过这一页，希望你手中的笔也可以变成剪辑轨道上的光标。别担心不够完美，先按下录制键，因为最好的创作时机永远是现在。愿你透过镜头，遇见更好的自己，触摸炽热、真诚的心跳，连接更多共鸣的灵魂。

孙琪老师教学团队编写的这本书精选经典且新颖的案例，紧密结合当下短视频平台的"涨粉"创作规律。书中对剪映编辑的实例进行了翔实且通俗易懂的讲解，贴合当代大学生的学习习惯，便于大家高效掌握相关技能。最后，衷心祝愿同学们能学有所获！

"百万粉丝"博主（网名：圈宁CeoxNim）

北京大学计算机学院 2018年本科、2022年硕博在读研究生

崔轩宁

农历二〇二五年二月初十深夜 写于北京大学未名湖畔

圈宁CeoxNim，生活领域自媒体创作者。其作品以分享学生的在校生活为主，包括如何有效学习各学科知识、针对就业和考研的建议、分享社会热点和生活感悟等内容。

本书介绍剪映App和剪映专业版的相关知识，具有以下特色。

一、立德树人、价值引领

本书全面贯彻党的二十大精神，以社会主义核心价值观为引领，以"立德树人"为根本宗旨。在编写中坚持正确的政治方向和价值导向，将美丽中国建设与教材内容有机融合，深入挖掘教学素材中蕴含的素质目标，注重培养学生的职业道德和职业素养，引导学生树立正确的世界观、人生观和价值观。

本书紧紧围绕德技并修、工学结合的育人机制和人才培养目标，着力培养学生的工匠精神、职业道德、职业技能和就业能力，推动形成具有中国特色的职业教育特色人才培养模式。

二、技能突出、结构合理

本书从实际工作中的技能需求出发，安排了23个商业项目案例，并搭配14个拓展训练与26个实训任务，引导读者进行自主学习。本书的内容结构符合读者的认知特点与学习习惯，符合技术技能人才成长规律，知识传授与技术技能培养并重，强化学生职业素养养成和专业技术积累的能力。

三、资源丰富、形式多样

本书配套103个（段）微课视频资源，引导学生探索知识，辅助教师教学，为进一步探索"工学结合"一体化教学形式提供充分的准备。

感谢读者选择本书。由于编者水平有限，书中难免存在疏漏和不妥之处，敬请读者批评指正。

编者

2025年5月

感谢"百万粉丝"博主"圈宁CeoxNim""六斤Libra""是明奇阿""胡米米的随手一做"等短视频创作博主提供的素材。

如何使用本书

01 项目介绍

介绍案例的主题背景、提交文件的类型和要求等基础内容。

项目介绍

✎ 情境描述

剪映是一款功能强大的视频剪辑软件,由抖音官方推出,深受用户喜爱。剪映提供全面的剪辑功能,包括视频变速、多样滤镜、丰富曲库等,并支持一键分享至抖音等社交平台。剪映界面简洁明了,操作便捷,即使是初学者也能轻松上手。此外,剪映还与抖音平台深度结合,特效和功能更新及时,让用户能够紧跟潮流。无论是制作个人Vlog、短视频,还是制作商业广告,剪映都能满足用户的多样化需求,成为广大视频创作者的得力助手。

本任务首先要解读字幕添加及编辑方式,明确制作要求、工作时间和交付要求等信息。然后对原始音视频素材进行整理、筛选并排序,搜集、分析同类视频字幕添加范例,制定字幕添加及编辑方案,梳理流程和要点,选定字幕添加及编辑策略。最后将制作完成的视频定稿按照指定的文件格式输出,与工程文件一起存档并交付。

✎ 任务要求

读者根据要求完成以下任务。
任务1:识别口播字幕。
任务2:中秋节主题花字。
任务3:夏日Vlog片头。
根据任务的情境描述,在规定时间内完成字幕添加及编辑任务。

学习与技能目标

- ◇ 能够说出剪映的不同版本。
- ◇ 能够说出剪映App预览区不同按钮的功能。
- ◇ 能够说出剪映App时间轴的功能分布。
- ◇ 能够说出剪映App工具栏中编辑工具类型。
- ◇ 能够使用工具栏中的"文本"按钮添加字幕。
- ◇ 能够使用"编辑"按钮调整字体和样式。
- ◇ 能够使用"样式"选项修改文字的样式。
- ◇ 能够使用"编辑"按钮将输入的文字变成艺术字。
- ◇ 能够使用"文字模板"选项套用文字模板。
- ◇ 能够使用"动画"选项为文字添加动画。
- ◇ 能够使用"智能文案"中的按钮生成视频解说词。
- ◇ 能够使用"识别字幕"按钮为视频中的语音同步添加字幕。
- ◇ 能够使用"识别歌词"按钮快速根据歌曲的内容生成对应的歌词。

学习与技能目标 02

罗列在案例制作中会运用到的技术。

03 项目知识链接

讲解与项目相关的知识,搭配教学视频,可使学习更加简单、高效。

项目知识链接

剪映作为一款流行的视频剪辑软件,其界面设计直观且功能丰富,用户可以轻松、便捷地编辑视频。下面介绍剪映App和剪映专业版的下载与安装方法、主界面与编辑界面,以及字幕的添加和编辑方式。

Android系统剪映App的下载与安装方法

在Android系统的手机中打开应用商店,搜索"剪映",点击软件图标右侧的"安装"就可以下载与安装剪映App,如图1-1和图1-2所示。安装完成后,在手机桌面上就能找到剪映App,如图1-3所示。

任务实施

任务1.1 识别口播字幕

素材位置	素材文件 > 项目 1> 任务:识别口播字幕
视频名称	任务:识别口播字幕.mp4
学习目标	掌握智能视频口播和添加文字的操作方法

✎ 任务简介

口播是常见的短视频类型,当导入多段录制的视频素材后,需要剪掉停顿和多余的描述部分,让整个口播内容变得流畅。为了方便观看,准确了解博主所表达的内容,一般会在视频中同步加字幕。剪映中提供了快速识别语音内容并转换为文字的工具,这样就不用单独输入文字。

在这个任务中,需要将3段视频素材导入剪映App,通过"智能剪口播"快速删掉无意义的内容,形成连贯的视频内容;通过"识别字幕"一键生成视频的字幕。

✎ 任务要点

- ◇ 使用"开始创作"按钮导入指定素材。
- ◇ 使用"旋转"按钮调节画面角度。
- ◇ 使用"智能剪口播"工具提取视频素材的语音文字信息。
- ◇ 说出删除和修改口播文字的方法。
- ◇ 掌握添加文字并修改字体的方法。
- ◇ 使用"导出"按钮导出视频。
- ◇ 掌握查看导出文件的方法。

任务实施 04

详细讲解案例任务的制作步骤,配合教学视频,使学生边学边练。

常用功能区:罗列了在剪映时常用到的"选择""分割""撤销"等工具。
时间轴:剪映专业版的时间轴比剪映App的时间轴更加方便,可以同时显示多个轨道,对应上方的时间刻度的操作也会更加精准。
播放器:展示剪辑过程中的实时效果。
属性栏:显示当前选中轨道上素材属性设置参数。当选择不同类型的轨道时,显示的属性栏参数也会相应发生变化。

💡 提示

无论是剪映App还是剪映专业版都会及时发布新版本。随着版本的更新,软件的界面也会发生一定的变化,同时也会新增一些功能。读者请以自己安装的软件为准,展示的界面截图仅供参考。

新建文本

创建剪辑项目后,在没有选中任何素材的状态下,点击工具栏中的"文本",然后在"文本"工具栏中点击"新建文本",如图1-16和图1-17所示。

05 知识点

讲解在制作步骤中出现的引申知识,丰富项目制作技巧,增强学生使用软件的能力。

06 项目总结与评价

总结项目案例的知识脉络。让学生根据项目评价表量化每个板块应掌握的内容，快速查漏补缺，弥补学习短板，更好地吸收所学知识。

拓展训练 07

根据本项目所学的案例类型，练习相似的习题。其中，"习题要求"规定练习达到的最终效果，"步骤提示"体现制作中的关键点。如果遇到不会的地方，学生可扫码观看教学视频。

08 附 录

提供实训任务，方便学生进一步练习。

任务学习单与评价单 09

用于学习小组之间的互相评价和教师对学生学习情况的评价。

目录
contents

项目1

剪映字幕与片头添加
主题制作

项目介绍 012

学习与技能目标 012

项目知识链接 013

▶ Android系统剪映App的下载与安装方法 ...013
▶ iOS系统剪映App的下载与安装方法 013
▶ 剪映专业版的下载与安装方法 014
▶ 剪映App的界面 015
▶ 剪映专业版的界面 016
▶ 新建文本 017
▶ 字体与样式 018
▶ 添加花字 018
▶ 套用文字模板 019
▶ 文字动画 019
▶ 智能文案 020
▶ 识别字幕 021
▶ 识别歌词 021

任务实施 022
▶ 任务1.1 识别口播字幕 022
▶ 任务1.2 中秋节主题花字 025
▶ 任务1.3 夏日Vlog片头 028

项目总结与评价 031

拓展训练 033
▶ 拓展训练1：电子相册抖动字幕 033
▶ 拓展训练2：秋分节气视频 034

项目2

剪映配音与音频编辑
主题制作

项目介绍 036

学习与技能目标 036

项目知识链接 037

▶ 添加音乐 037
▶ 添加音效 038
▶ 文字转音频 038
▶ 调整音量 039
▶ 音频淡入淡出 039
▶ 调整音色 040
▶ 音频变速 040
▶ 音频降噪 041
▶ 音频卡点 041

任务实施 043
▶ 任务2.1 温馨日常配乐视频 043
▶ 任务2.2 民宿配音Vlog视频 045
▶ 任务2.3 音乐卡点短视频 048

项目总结与评价 050

拓展训练 051
▶ 拓展训练1：音乐卡点美食相册 051
▶ 拓展训练2：动感舞蹈视频 052

项目3

剪映转场与衔接剪辑
主题制作

项目介绍 054

学习与技能目标 054

项目知识链接 055

▶ 叠化 055
▶ 幻灯片 056
▶ 运镜 056
▶ 模糊 056
▶ 光效 057
▶ 拍摄 057
▶ 扭曲 058
▶ 故障 058
▶ 分割 058
▶ 自然 059
▶ MG动画 059
▶ 综艺 060
▶ 剪映专业版转场效果 060

任务实施 **061**
▶ 任务3.1 城市展示卡点转场 061
▶ 任务3.2 人像故障转场 063
▶ 任务3.3 无缝衔接转场 065
▶ 任务3.4 水墨素材转场 068

项目总结与评价 **070**
拓展训练 **071**
▶ 拓展训练1：宠物MG动画转场 071
▶ 拓展训练2：人像运镜转场 072
▶ 拓展训练3：节庆叠化转场 072

项目 4

剪映特效创作
主题制作

项目介绍 074
学习与技能目标 074
项目知识链接 075
▶ 基础 075
▶ 氛围 076
▶ 动感 076
▶ 边框 077

▶ Bling 077
▶ 爱心 077
▶ 金粉 078
▶ 自然 078
▶ 运镜 078
▶ 光 079
▶ 复古 079
▶ 扭曲 079
▶ 电影 080
▶ 综艺 080
▶ 潮酷 080
▶ 分屏 081
▶ 情绪 081
▶ 身体 081
▶ 形象 082
▶ 头饰 082
▶ 克隆 082

任务实施 **083**
▶ 任务4.1 高级滤镜风照片展示 083
▶ 任务4.2 丝滑慢动作展示 087
▶ 任务4.3 人像心形特效 090

项目总结与评价 **092**
拓展训练 **093**
▶ 拓展训练1：可爱风滤镜 093
▶ 拓展训练2：画面分割特效 094

项目 5

剪映调色与精细调控
主题制作

项目介绍 096
学习与技能目标 096
项目知识链接 097
▶ 亮度/对比度/饱和度 097
▶ 色温/色调/褪色 098

高光/阴影/白色/黑色 098
HSL 099
曲线 099
暗角/颗粒 100
风景 101
秋日 101
人像 101
美食 102
相机模拟 102
夜景 102
风格化 103
复古胶片 103
影视级 104
黑白 104
剪映专业版的滤镜使用方法 104

任务实施 **105**
任务5.1 青橙色调调色 105
任务5.2 INS色调调色 107
任务5.3 冬日雪景调色 109
任务5.4 城市夜景调色 110

项目总结与评价 **112**

拓展训练 **113**
拓展训练1：日系风格调色 113
拓展训练2：赛博朋克街景 114
拓展训练3：甜品调色 114

项目6

剪映合成与蒙版编辑
主题制作

项目介绍 116
学习与技能目标 116
项目知识链接 117
添加画中画 117
调整画中画效果 118

蒙版的添加方法 118
蒙版的类型 119
智能抠像 120
自定义抠像 121
色度抠图 121
添加混合模式 122
混合模式的类型 122

任务实施 **123**
任务6.1 抠图动态封面 123
任务6.2 动态蒙版片头 125

项目总结与评价 **129**

拓展训练 **131**
拓展训练1：插画蒙版过渡 131
拓展训练2：动态人像抠图 132

项目7

剪映Vlog短视频
综合案例制作

任务1 旅拍Vlog短视频.............134
任务2 夏日生活Vlog短视频.......138

项目8

剪映营销短视频
综合案例制作

任务1 咖啡店宣传短视频..........144
任务2 图书营销短视频.............148

附录 A

商业案例同步实训任务26例

实训项目1：短视频关键帧动画制作..153
实训任务：动感美食文字动画 153
实训任务：动态分类标签 153
实训任务：行驶的小汽车 154
实训任务：卡通片尾 154
实训任务：图形小动画 154

实训项目2：短视频转场设计..155
实训任务：家居视频转场 155
实训任务：游乐场视频转场 155
实训任务：风景主题相册 156
实训任务：商务视频转场 156
实训任务：国潮主题视频 156

实训项目3：短视频特效处理..157
实训任务：动态创意片头 157
实训任务：倒计时片头 157
实训任务：宠物取景视频 157
实训任务：发光文字 158
实训任务：唯美色调 158

实训项目4：短视频色调调整..159
实训任务：红色爱心 159
实训任务：旧照片色调 159
实训任务：小清新色调 159
实训任务：温馨朦胧画面 160
实训任务：夏日荷塘视频 160

实训项目5：After Effects视频后期特效 160
实训任务：科幻文字片头 160
实训任务：机票查询交互界面 161
实训任务：产品展示动画 161
实训任务：聊天视频 162
实训任务：栏目片尾 162
实训任务：MG片头动画 163

附录 B

剪映任务学习单与评价单(活页卡片)

剪映

剪映字幕与片头添加主题制作

遇见夏天
hello summer

项目介绍

情境描述

　　剪映是一款功能强大的视频剪辑软件，由抖音官方推出，深受用户喜爱。剪映提供全面的剪辑功能，包括视频变速、多样滤镜、丰富曲库等，并支持一键分享至抖音等社交平台。剪映界面简洁明了，操作便捷，即使是初学者也能轻松上手。此外，剪映还与抖音平台深度结合，特效和功能更新及时，让用户能够紧跟潮流。无论是制作个人Vlog、短视频，还是制作商业广告，剪映都能满足用户的多样化需求，成为广大视频创作者的得力助手。

　　本任务首先要解读字幕添加及编辑方式，明确制作要求、工作时间和交付要求等信息。然后对原始音视频素材进行整理、筛选并排序，搜集、分析同类视频字幕添加范例，制定字幕添加及编辑方案，梳理流程和要点，选定字幕添加及编辑策略。最后将制作完成的视频定稿按照指定的文件格式输出，与工程文件一起存档并交付。

任务要求

　　读者根据要求完成以下任务。

　　任务1：识别口播字幕。

　　任务2：中秋节主题花字。

　　任务3：夏日Vlog片头。

　　根据任务的情境描述，在规定时间内完成字幕添加及编辑任务。

　　① 根据任务要求，高效、准确地处理素材，分析、筛查同类案例，制定字幕添加及编辑方案。

　　② 制作简要脚本，确定字幕风格类型、表现形式、配色方案等策略，要求主题突出、立意正确。

　　③ 视频分辨率为1080P，格式为MP4。

　　④ 根据工作时间和交付要求，整理、输出并提交符合客户要求的文件。

学习与技能目标

◇　能够说出剪映的不同版本。

◇　能够说出剪映App预览区不同按钮的功能。

◇　能够说出剪映App时间轴的功能分布。

◇　能够说出剪映App工具栏中编辑工具类型。

◇　能够使用工具栏中的"文本"按钮添加字幕。

◇　能够使用"编辑"按钮调整字体和样式。

◇　能够使用"样式"选项修改文字的样式。

◇　能够使用"编辑"按钮将输入的文字变成艺术字。

◇　能够使用"文字模板"选项套用文字模板。

◇　能够使用"动画"选项为文字添加动画。

◇　能够使用"智能文案"中的按钮生成所需文案。

◇　能够使用"识别字幕"按钮为视频中的语音同步添加字幕。

◇　能够使用"识别歌词"按钮快速根据歌曲的内容生成对应的歌词。

◇　能够使用"开始创作"按钮导入指定素材。

◇ 能够使用"旋转"按钮调节画面角度。

◇ 能够使用"智能剪口播"工具处理视频素材的语音文字信息。

◇ 能够说出删除和修改口播文字的方法。

◇ 能够使用"导出"按钮导出视频。

◇ 能够掌握查看导出文件的方法。

◇ 能够使用"贴纸"按钮添加所需贴纸并调整。

项目知识链接

　　剪映作为一款流行的视频剪辑软件，其界面设计直观且功能丰富，用户可以轻松、便捷地编辑视频。下面介绍剪映App和剪映专业版的下载与安装方法、主界面与编辑界面，以及字幕的添加和编辑方式。

Android系统剪映App的下载与安装方法

　　在Android系统的手机中打开应用商店，搜索"剪映"，点击软件图标右侧的"安装"就可以下载与安装剪映App，如图1-1和图1-2所示。安装完成后，在手机桌面上就能找到剪映App，如图1-3所示。

图1-1

图1-2

图1-3

💡 **提示**

　　Android系统的手机品牌较多，每个品牌的安装方法可能略有差异，上述安装方法仅供参考，请以实际操作为准。

iOS系统剪映App的下载与安装方法

　　在苹果手机中打开App Store（应用商店），进入搜索界面搜索"剪映"，然后点击软件图标右侧的"获取"就可以下载与安装剪映App，安装完成后可在手机桌面上找到剪映App，如图1-4～图1-7所示。

图1-4

图1-5

图1-6

图1-7

剪映专业版的下载与安装方法

　　在计算机的浏览器中打开搜索引擎，以"百度"为例，在搜索框中输入"剪映专业版"查找相关内容，结果如图1-8所示。

图1-8

　　单击链接进入官方网站之后，在主页中单击"立即下载"，就可以下载软件的安装包，如图1-9所示。找到下载完成的安装包并双击打开，会弹出图1-10所示的安装窗口。等待系统自动安装完成，就可以启动软件。

图1-9

图1-10

剪映App的界面

打开剪映App，首先进入的是主界面，如图1-11所示。点击界面底部的"剪同款"按钮🎬、"消息"按钮🔔、"我的"按钮👤，可以切换至对应的功能界面。

创作工具
包含多种辅助工具，点击"展开"按钮后可显示全部工具。

创作入口
点击后可选择视频或图片素材进行编辑。

草稿区
显示之前编辑过但未完成的视频草稿，点击草稿即可进入编辑界面继续编辑。

剪同款
提供大量视频模板，只需导入自己的照片或视频即可快速生成具有个人特色的视频作品。

消息
接收官方的通知、消息等。

我的
展示个人资料及收藏的模板。

图1-11

点击主界面的"开始创作"按钮进入添加素材的界面，选择素材后即可进入编辑界面，如图1-12所示。该界面包含预览区、时间轴和工具栏。在预览区中可以实时预览编辑后的视频效果，默认显示的是当前时间线所在帧的画面。例如，预览区左下角显示为00:00/00:14，表示当前时间线所在的刻度为00:00，视频总时长为14s。点击播放按钮▷，即可从当前时间线所处位置开始播放视频；点击↩按钮，即可撤回上一步的操作；点击↪按钮，即可在撤回操作后再将其恢复；点击⛶按钮，即可全屏预览视频，以便更清晰地查看视频的细节。

预览区

时间轴

工具栏

图1-12

> 💡 **提示**
>
> 剪映是一款联网的剪辑软件，且软件版本的更新频率较高，界面和功能都会随着不断地更新产生一些变化，读者请按照自己下载的软件版本结合本书中内容进行学习，如有差异请以正在使用的版本为准。

预览区：在预览区中，实时展示当前编辑的视频效果。可以通过播放按钮预览视频，也可以使用全屏模式来放大预览区域，以便更清晰地查看视频的细节。

时间轴：展示视频所用的素材，如视频片段、图片、音频等。时间轴上通常包括视频轨道、音频轨道、文字轨道和贴纸轨道等，在其中可以添加、删除或调整素材，并对时间线进行精确的定位。按住素材轨道左右滑动，就能快速移动到指定的位置，同时预览画面效果。

　　工具栏：提供了丰富的编辑工具，不仅能够编辑素材的长度、速度，还能添加音频、文字和特效等元素。按住工具栏向左滑动，就能显示所有的工具类型，如图1-13所示。

图1-13

剪映专业版的界面

　　剪映专业版是安装在PC（个人计算机）端的软件。相较于手机端剪映App，在剪辑较为复杂的视频时，剪映专业版的操作会更加方便，也更加准确。

　　打开剪映专业版，和剪映App一样会进入主界面（即"首页"界面），如图1-14所示。

图1-14

　　单击"开始创作"按钮，会切换到软件的编辑界面，如图1-15所示。剪映专业版的界面相较剪映App会更为复杂，但两者在操作逻辑上是一致的。剪映专业版主要包含6个区域，分别是工具栏、素材箱、常用功能区、时间轴、播放器和属性栏。

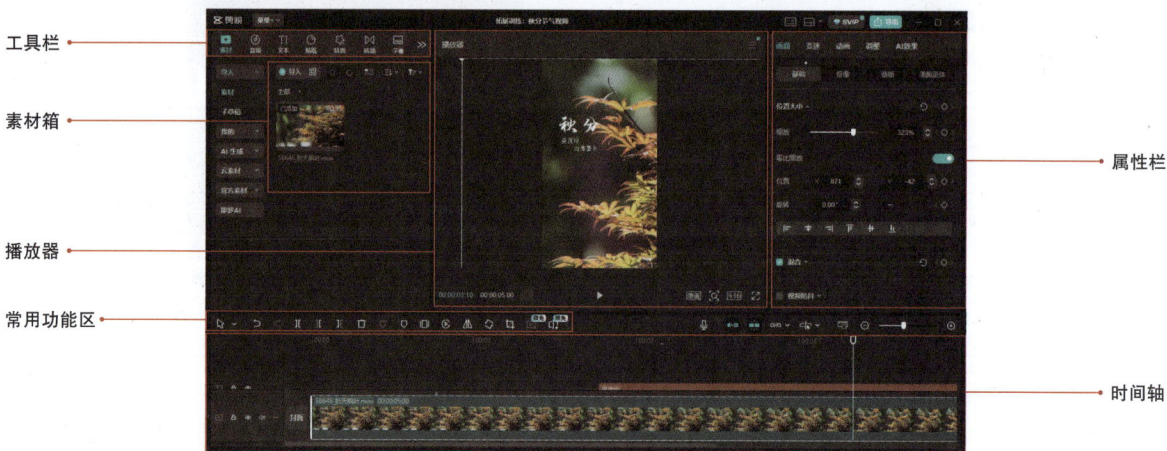

图1-15

　　工具栏：包含"素材""音频""文本""贴纸""特效""转场""字幕""滤镜""调节""模板""数字人"共11个选项。这些选项方便用户快速选择需要添加的素材类型。

　　素材箱：显示从工具栏中选择的不同类型的素材，方便将素材快速编辑和添加到时间轴上。

常用功能区： 罗列了在剪辑时常用到的"选择""分割""撤销"等工具。

时间轴： 剪映专业版的时间轴比剪映App的时间轴更加方便，可以同时显示多个轨道，对应上方的时间刻度的操作也会更加精准。

播放器： 展示剪辑过程中的实时效果。

属性栏： 显示当前选中轨道上的素材属性设置参数。当选择不同类型的轨道时，显示的属性栏参数也会相应发生变化。

> 💡 **提示**
>
> 无论是剪映App还是剪映专业版都会及时发布新版本。随着版本的更新，软件的界面也会发生一定的变化，同时也会新增一些功能。读者请以自己安装的软件为准，展示的界面截图仅供参考。

新建文本

扫码看教学视频

创建剪辑项目后，在没有选中任何素材的状态下，点击工具栏中的"文本"，然后在"文本"工具栏中点击"新建文本"，如图1-16和图1-17所示。

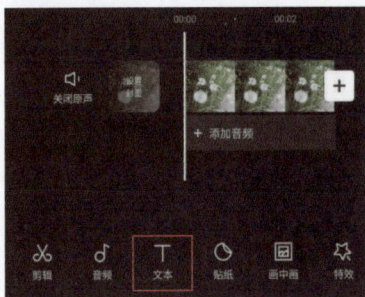
图1-16

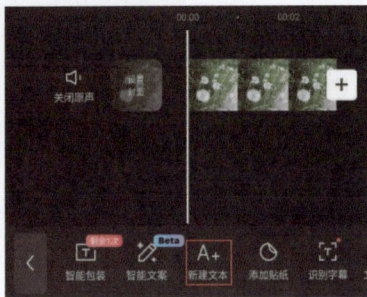
图1-17

此时界面底部会弹出文本框，方便输入文字，输入的文字会同步显示在预览区中，如图1-18所示。操作完成后点击■按钮，就可以在素材轨道下方生成文字轨道，如图1-19所示。

图1-18

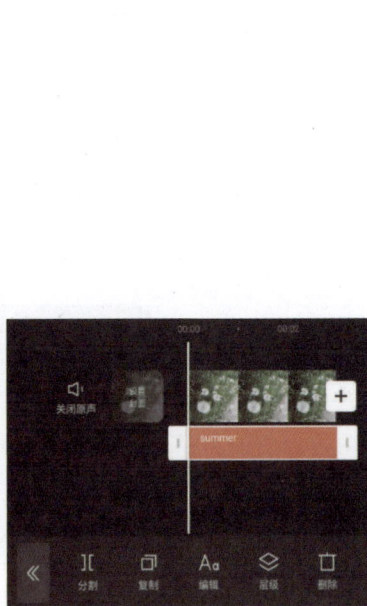
图1-19

字体与样式

默认输入的文字字体与样式是固定的，在大多数情况下都不适合使用，需要做一定的修改。选中文字剪辑，点击下方的"编辑"，会弹出文字编辑的界面，如图1-20所示。在界面中就可以调整字体和样式。

扫码看教学视频

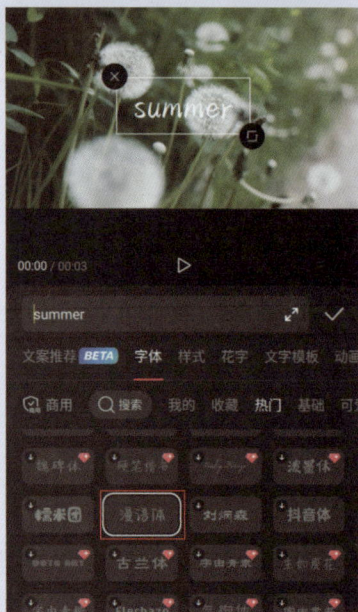

向上滑动屏幕，可以显示更多类型的字体，当选中"漫语体"时，画面中的文字字体也会随之改变，如图1-21所示。

> 💡 **提示**
>
> 如果有喜欢的字体，长按该字体就可以将其收藏。收藏后在"收藏"中就能快速找到该字体。点击"搜索"，在搜索框中输入字体能快速搜索到指定的字体。

图1-20

图1-21

点击"样式"选项，就可以修改文字的样式，包括颜色、描边、阴影和字号等，如图1-22所示。点击样式模板中相应的按钮，就能快速设置文字的样式。点击自定义属性中的相应属性可以自定义文字的其他属性。

样式模板： 点击按钮快速设置文字样式。

自定义属性： 单独设置文字的颜色、描边、字号和透明度等属性。

图1-22

添加花字

花字会将输入的文字变成艺术字效果，将其运用到视频中会增加画面的丰富程度，也能增加视频的趣味性。

扫码看教学视频

选中文字剪辑，点击下方的"编辑"，会弹出文字编辑的界面，选择"花字"选项，就会显示系统自带的花字样式，如图1-23所示。点击一款花字样式，画面中的文字就转换为相应的花字形态，如图1-24所示。

图1-23

图1-24

套用文字模板

相信一些读者在日常刷短视频时，会经常看到视频画面中出现精美、有趣的字幕。这些字幕有独特的样式，也有一些小动画。如果用手机去制作这些字幕会较为麻烦，这时就可以套用文字模板，快速生成想要的字幕。

扫码看教学视频

选中文字轨道，点击下方的"编辑"，会弹出文字编辑的界面，选择"文字模板"选项，下方就会出现丰富的文字模板，如图1-25所示。当选中一款文字模板后，画面中就会出现该模板，如图1-26所示。在模板中可以修改文字内容，还可以移动、缩放和旋转整个模板。

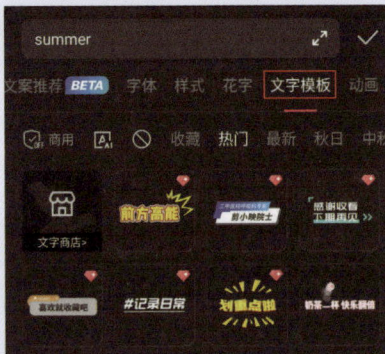

图1-25

图1-26

文字动画

添加的文字除了静态显示外，还可以添加动画。选中文字轨道，点击下方的"编辑"，会弹出文字编辑的界面，选择"动画"选项，下方就会出现不同类型的动画模板，如图1-27所示。

扫码看教学视频

文字动画分为3种类型，分别是"入场""出场""循环"。"入场"动画是指文字随着视频开始播放时的动画；"出场"动画是指文字随着视频结束播放时的动画；"循环"动画是指文字随着视频播放一直显示的动画。例如，在"入场"中点击"打字机Ⅰ"后，就可以看到画面中的文字随着视频播放逐一显示，如图1-28所示。

图1-27

图1-28

> **💡 提示**
>
> 在选择动画预设后，会在下方出现一个控制条，如图1-29所示。这个控制条用于调节动画的速度，控制条上的滑块越靠右，代表动画的持续时间越长，动画的播放速度也会越慢。

图1-29

智能文案

文案是制作视频的重要一环，一个好的文案能为视频加分。文案创作对很多创作者来说比较困难，智能文案就很好地提供了帮助。

在工具栏中点击"文本"，在"文本"工具栏中就可以找到"智能文案"，如图1-30所示。点击"智能文案"后，会切换到相关的界面，如图1-31所示。

扫码看教学视频

图1-30

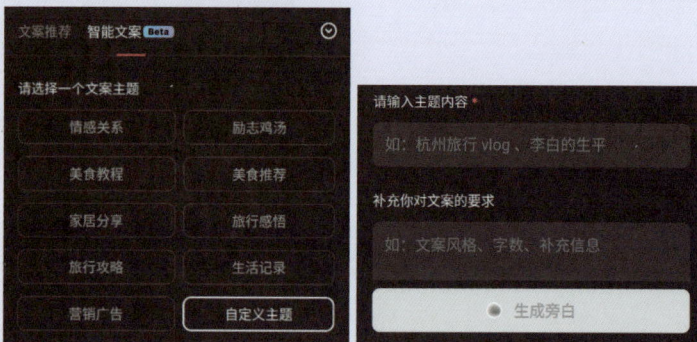

图1-31

我们需要先选择一个视频的主题，输入主题内容和一些补充信息就能生成文案。下面以旅行类视频为例讲解具体使用方法。

第1步：选择文案主题为"旅行感悟"。

第2步："旅行地点"设置为"成都"。

第3步：在"话题"文本框中输入"熊猫，火锅，生活悠闲"。

第4步：点击"生成旁白"，软件会生成3个文案。

第5步：选择一个喜欢的文案，如图1-32所示，点击"应用"。

第6步：选择需要生成的类型，如图1-33所示。这里我们选择"仅添加文本"选项，点击"添加至轨道"，就能将文案内容添加到画面中。

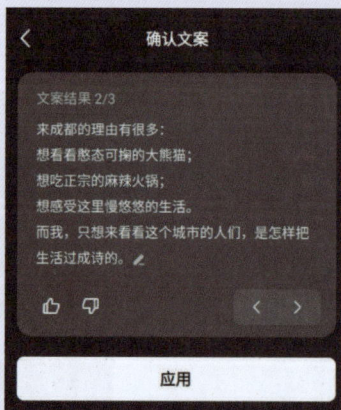

图1-32

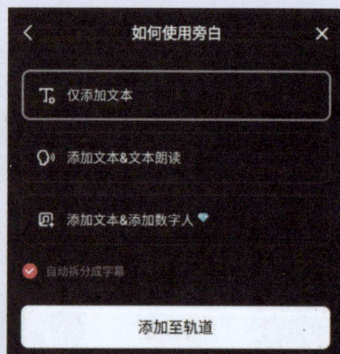

图1-33

识别字幕

扫码看教学视频

如果我们录制了一段带语音的视频，想为视频中的语音同步添加字幕，依靠"新建文本"功能逐个手动输入显然不现实，"识别字幕"功能可以很好地解决这一问题。

导入需要添加字幕的素材后，在未选中任何剪辑的情况下，点击工具栏中的"文本"，在"文本"工具栏中就可以找到"识别字幕"，如图1-34所示。

点击"识别字幕"后，在弹出的界面中选择"仅视频"选项，然后点击"开始识别"，待识别完成，时间轴中会自动生成文字轨道，如图1-35和图1-36所示。

> 💡 **提示**
> 在不是剪映会员的情况下，该功能每月可以免费使用5次。

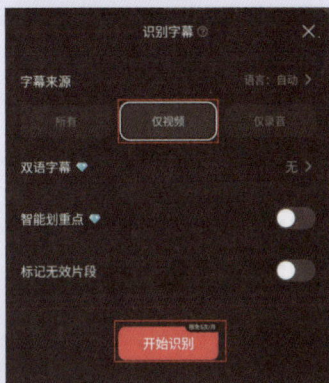

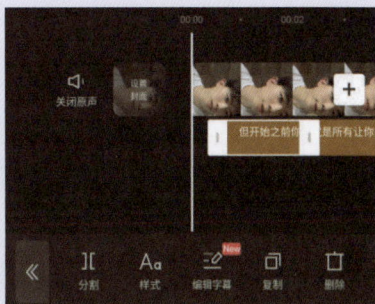

图1-34 图1-35 图1-36

识别歌词

扫码看教学视频

在制作MV短片、卡拉OK等类型视频的时候，我们需要制作出歌曲对应的歌词，使用"识别歌词"功能就能快速根据歌曲的内容生成对应的歌词，而不需要手动输入。

在添加待识别的音频素材后，在未选中任何剪辑的情况下，点击工具栏中的"文本"，在"文本"工具栏中就可以找到"识别歌词"，如图1-37所示。

点击"识别歌词"后，在弹出的界面中点击"开始匹配"，等待片刻即可在时间轴中看到生成的文字轨道，如图1-38和图1-39所示。

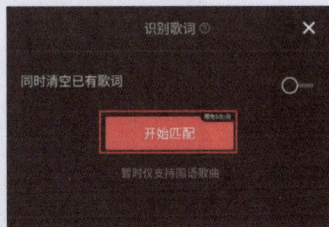

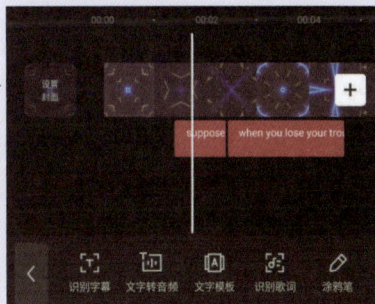

图1-37 图1-38 图1-39

> 💡 **提示**
> 与识别字幕一样，非剪映会员也可有每月5次的免费使用次数。需要注意的是，智能生成的语音文字或歌词可能会受发音的影响有部分错误。在生成文字之后，需要对应检查，及时修改文字的错误内容。

任务实施

任务1.1 识别口播字幕

素材位置	素材文件 > 项目1> 任务：识别口播字幕
视频名称	任务：识别口播字幕 .mp4
学习目标	掌握智能剪口播和添加文字的操作方法

扫码看案例视频

扫码看案例效果

☞ 任务简介

　　口播是常见的短视频类型，当导入多段录制的视频素材后，需要剪掉停顿和多余的描述部分，让整个口播内容变得流畅。为了方便观看，准确了解博主所表达的内容，一般会在视频中同步添加字幕。剪映中提供了快速识别音频内容并转换为文字的工具，这样就不用单独输入文字。

　　在这个任务中，需要将3段视频素材导入剪映App，通过"智能剪口播"快速删掉无意义的内容，形成连贯的视频内容；通过"识别字幕"一键生成视频的字幕。

☞ 任务要点

◇　使用"开始创作"按钮导入指定素材。
◇　使用"旋转"按钮调节画面角度。
◇　使用"智能剪口播"工具处理视频素材的语音文字信息。
◇　说出删除和修改口播文字的方法。
◇　掌握添加文字并修改字体的方法。
◇　使用"导出"按钮导出视频。
◇　掌握查看导出文件的方法。

☞ 任务制作

01 打开剪映App，在"剪辑"界面点击"开始创作"按钮，导入学习资源"素材文件>项目1>任务：识别口播字幕"文件夹中的3个视频素材文件，如图1-40和图1-41所示。

图1-40

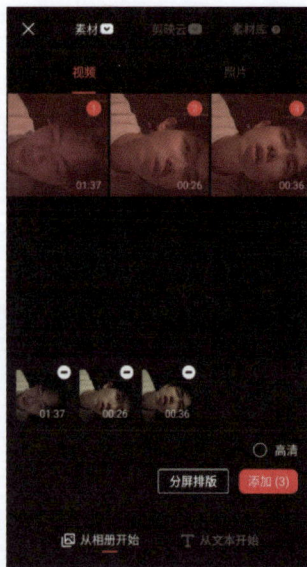

图1-41

02 点击"添加"按钮 添加(3) 后会切换到编辑界面，在预览区会显示导入的素材画面，下方的时间轴则会将3段连续的素材排列在一起，如图1-42所示。

图1-42

03 现有的画面角度不对，需要逆时针旋转90°。选中时间轴上的视频轨道，向左滑动工具栏，点击"编辑"，然后点击3次"旋转"，将画面旋转到正确的角度，如图1-43和图1-44所示。

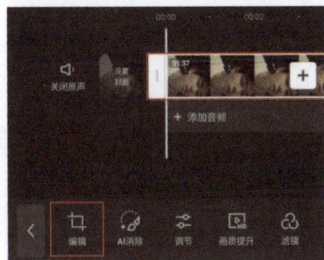

图1-43

图1-44

> 💡 **提示**
>
> 导入的3段视频素材需要单独旋转角度，不能整体旋转角度。

04 点击时间轴空白位置，向左滑动工具栏，点击"智能剪口播"，经过一段时间的处理后，就会显示整体视频素材的语音文字信息，如图1-45所示。

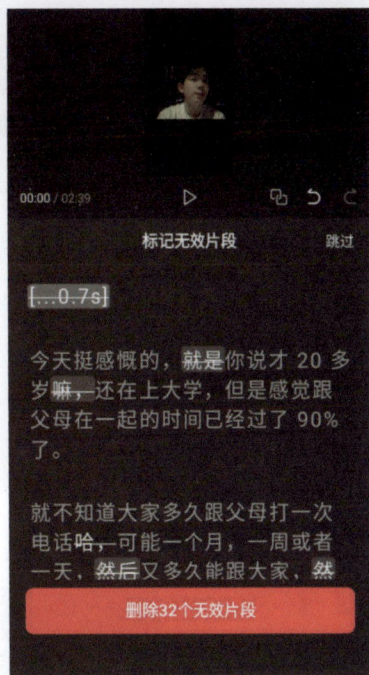

图1-45

05 软件智能标记了32个无效片段，都是一些无用的停顿和口语词，可将其删除。浏览转换的文字，还可以长按屏幕选中一些说错的地方，也将其标记为无效片段，如图1-46所示。

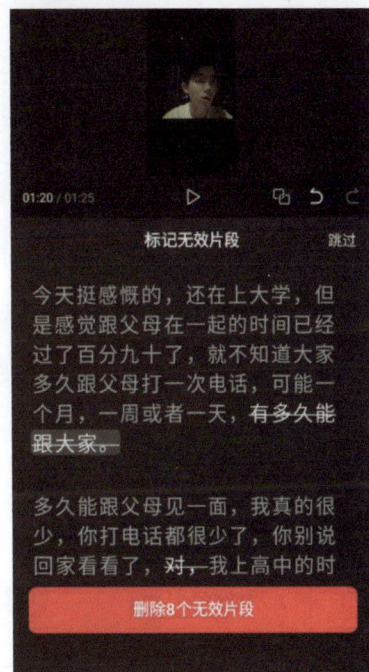

图1-46

06 点击红色的删除按钮，删除标记的无效片段后，文字变得较为流畅，视频的叙述逻辑也更为清晰。点击下方工具栏中的"加字幕"，就可以将字幕按照视频的内容对应生成，如图1-47所示。返回编辑界面，就能在画面的下方看到生成的字幕，如图1-48所示。

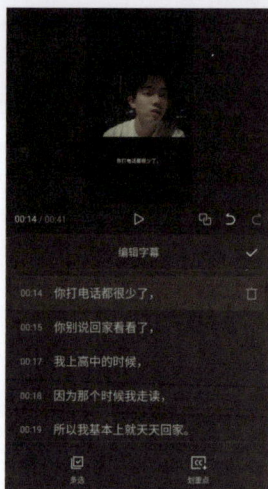

图1-47

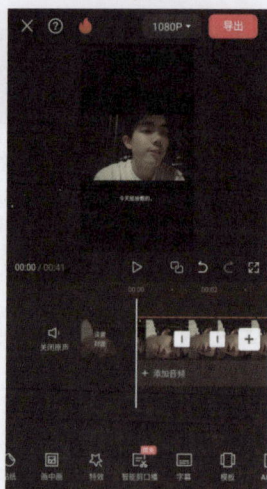

图1-48

07 点击工具栏中的"字幕"，切换到字幕编辑界面，将生成的字幕向上移动一些，更靠近画面，如图1-49所示。

图1-49

08 点击第1段字幕，在文本框中删掉逗号，如图1-50所示。按照这个方法，检查其他字幕，删掉多余的标点符号，同时修改个别字幕内容，让叙述更加流畅。

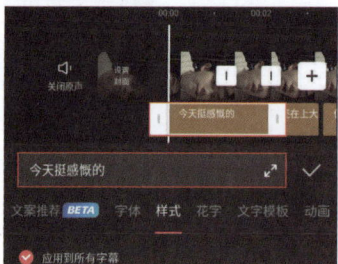

图1-50

09 切换到"字体"界面，选择"商用"中的"抖音体"字体，如图1-51所示，其余的字幕都会更改为该字体。

图1-51

10 在工具栏中点击"新建文本"，在画面中的文本框中输入"有多久没和父母通电话"，如图1-52和图1-53所示。

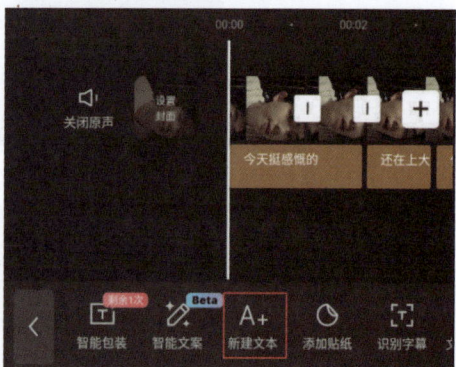

图1-52

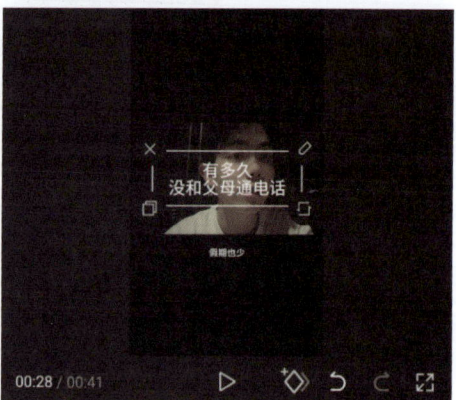

图1-53

💡 **提示**
更改字幕内容并不能改变素材中音频的内容。

💡 **提示**
在输入时需要按Enter键将文字分成两行。

11 将文本框移动到画面上方并放大一些，如图1-54所示。

图1-54

12 内容完成后，点击界面右上角的"导出"按钮 导出 ，就可以导出制作好的视频，在手机的相册或者图库等类型的App中就可以找到该视频。案例效果如图1-55所示。

图1-55

任务1.2	中秋节主题花字
素材位置	素材文件 > 项目1> 任务：中秋节主题花字
视频名称	任务：中秋节主题花字 .mp4
学习目标	掌握花字和贴纸的添加方法

扫码看案例视频　　扫码看案例效果

☞ **任务简介**

在节日期间人们会拍摄一些短视频并上传至网络，一些商家也会在这个时间段发布一些产品宣传或节日祝福的短视频。运用花字和贴纸，能为视频增加画面的丰富性与趣味性。

在这个任务中，需要将月饼的视频素材导入剪映App中，配上花字展示视频主题，画面周围放置一些符合中秋节氛围的贴纸，起到画龙点睛的作用。

☞ **任务要点**

◇ 使用"新建文本"按钮输入所需文字。
◇ 使用"编辑"按钮设置文字字体。
◇ 使用"花字"选项为字体添加花字样式。
◇ 使用"贴纸"按钮添加所需贴纸并调整。

☞ 任务制作

01 打开剪映App，在"剪辑"界面点击"开始创作"按钮，导入学习资源"素材文件>项目1>任务：中秋节主题花字"文件夹中的视频素材文件，如图1-56所示。

图1-56

02 在"文本"工具栏中点击"新建文本"，在文本框中输入"月满中秋"，如图1-57所示。

图1-57

> 💡 **提示**
>
> 在输入每个文字后需要另起一行，这样就能使文字为竖排形式。

03 选中文字轨道，点击"编辑"后设置文字字体为"粗书体"，如图1-58所示。读者也可以使用自己喜欢的字体。

图1-58

04 点击"花字"选项，然后搜索"中秋节"主题，选择一款花字样式，如图1-59所示。

图1-59

05 将花字移动到画面的左侧，并调整整体大小，如图1-60所示。

图1-60

06 在工具栏中点击"贴纸"，搜索"中秋节"主题，选择一款月兔的贴纸放在画面右下角位置，如图1-61和图1-62所示。

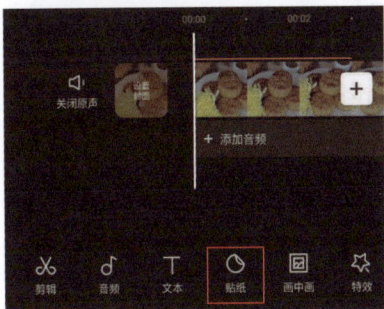

图1-61

图1-62

07 继续在"贴纸"界面中搜索"闪光"主题，选择一款闪光的贴纸添加到月饼上，如图1-63所示。

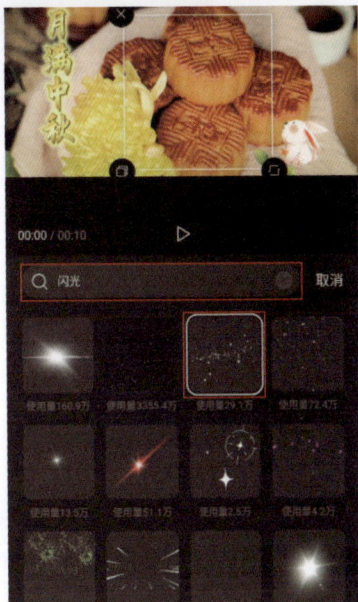

图1-63

08 退出编辑模式，将3个添加的轨道延长到与素材轨道相同的长度，如图1-64所示。

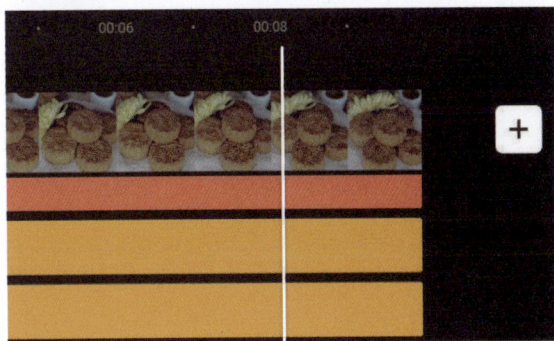

图1-64

09 点击界面右上角的"导出"按钮 导出 ，导出视频到手机的相册中。案例效果如图1-65所示。

图1-65

扫码看案例视频　　扫码看案例效果

任务1.3 夏日Vlog片头

素材位置	素材文件 > 项目 1> 任务：夏日 Vlog 片头
视频名称	任务：夏日 Vlog 片头 .mp4
学习目标	掌握剪映专业版的操作方法和文字动画的添加方法

扫码看案例视频　　扫码看案例效果

☞ 任务简介

为Vlog片头的文字添加动画，能增强画面的丰富程度，这也是制作字幕常见的操作之一。

在这个任务中，需要使用剪映专业版为Vlog片头的文字添加动画。

☞ 任务要点

◇ 掌握剪映专业版的操作方法。

◇ 掌握文字添加方法。

◇ 掌握文字动画的添加和调节方法。

◇ 掌握使用剪映专业版导出视频的方法。

☞ 任务制作

01 打开剪映专业版，在"首页"界面中单击"开始创作"按钮 ⊞ 开始创作 ，如图1-66所示，切换到编辑界面。

图1-66

02 在编辑界面的素材箱位置单击"导入"按钮 ⬖ 导入 ，导入学习资源"素材文件>项目1>任务：夏日Vlog片头"文件夹中的素材文件，如图1-67所示。

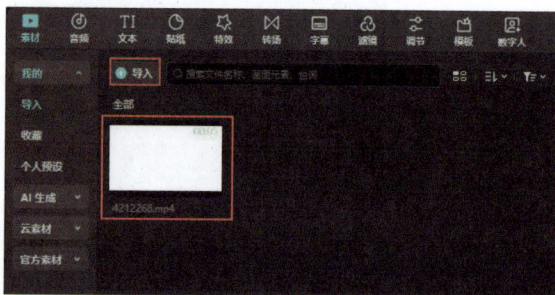

图1-67

03 将素材文件向下拖曳到时间轴中，就可以在播放器中观察到素材，如图1-68所示。

图1-68

04 单击工具栏中的"文本"，然后选中下方的"默认文本"并向下拖曳到时间轴中，如图1-69所示。

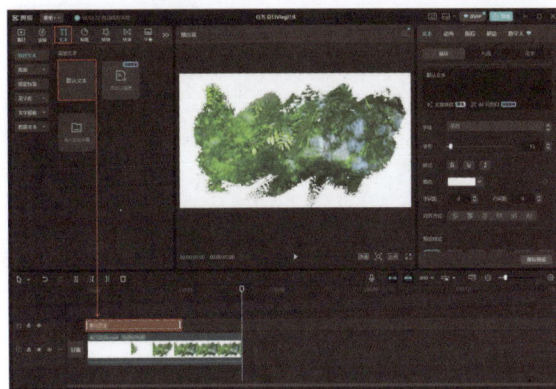

图1-69

05 在播放器的文本框中输入文字"遇见夏天"，然后在右侧调整文字的字体和字号，如图1-70所示。

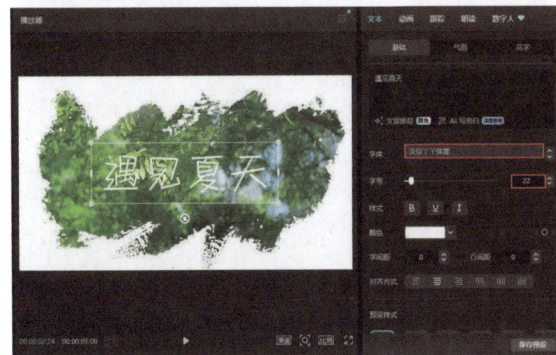

图1-70

06 将文字轨道的起始位置移动到2s03的位置，这样在树叶出现时才会显示文字

内容，如图1-71所示。

图1-71

07 在文字轨道的上方继续添加一个新的文字轨道，输入文字hello summer，然后在右侧设置文字的相关属性，如图1-72所示。

图1-72

08 将hello summer轨道的起始位置移动到2s20的位置，如图1-73所示。

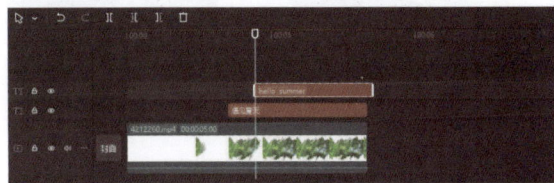

图1-73

09 选择"遇见夏天"轨道，在右侧选择"动画"，然后选择"波浪弹入"动画预设，如图1-74所示。

图1-74

10 播放动画，会发现动画速度太快。在动画预设的下方，调整"动画时长"为1.5s，如图1-75所示。

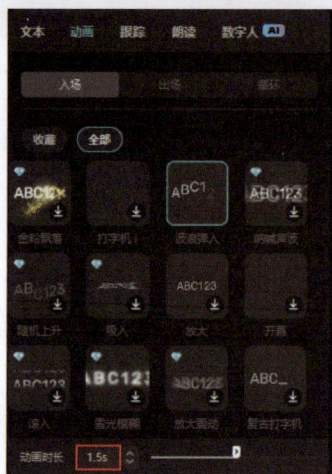

图1-75

11 选中hello summer轨道，在右侧"动画"中选择"渐显"动画预设，设置"动画时长"为2s，如图1-76所示。

图1-76

12 制作完成后预览动画，若没有需要修改的地方，单击右上角的"导出"按钮，在弹出的"导出"界面中设置视频的标题和导出路径，如图1-77所示。单击"导出"按钮后就可以输出视频文件。

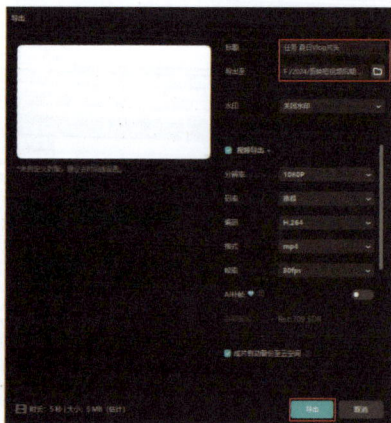

图1-77

💡 **提示**

在导出视频后，会切换到发布的界面，如图1-78所示。如果没有发布的需求，单击"关闭"即可。

图1-78

13 在输出的文件夹中，就可以观看制作好的视频，如图1-79所示。

图1-79

💡 **提示**

制作完成后关闭编辑界面，在"首页"界面就可以找到案例的草稿，如图1-80所示。可以将草稿上传到云端，也可以将草稿删除或者重命名。

图1-80

如果读者想找到草稿在计算机中的保存路径，单击"首页"界面右上角的设置按钮，在下拉菜单中选择"全局设置"，在弹出的界面中即可找到草稿的保存路径，如图1-81和图1-82所示。草稿的保存路径可以修改。

图1-81

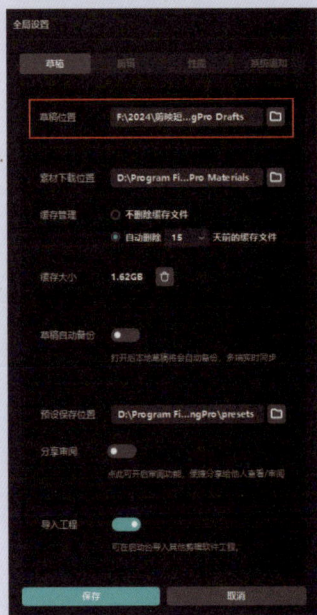

图1-82

打开文件路径，就可以找到对应文件夹，如图1-83所示。剪映的草稿文件较为复杂，包含很多子文件夹，与Premiere Pro、After Effects等软件的差别较大，如图1-84所示。将整个草稿文件导入其他计算机中，同样可以使用剪映专业版将其打开并继续编辑。

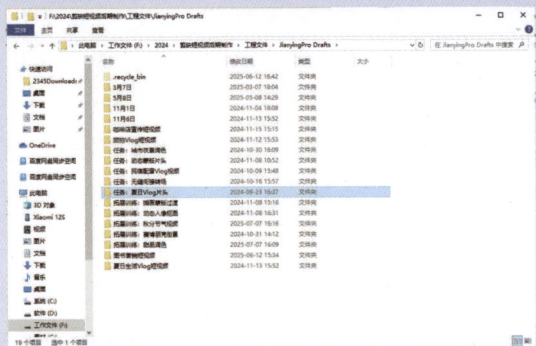

图1-83

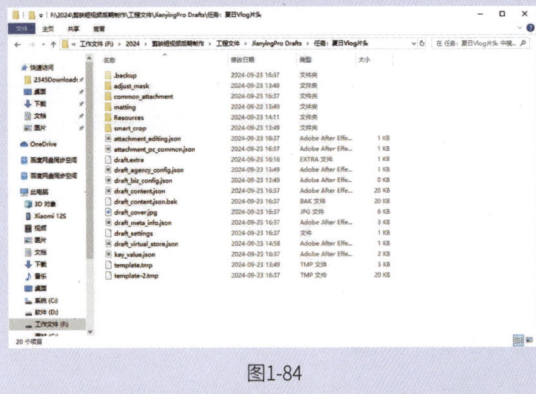

图1-84

项目总结与评价

☞ 项目总结

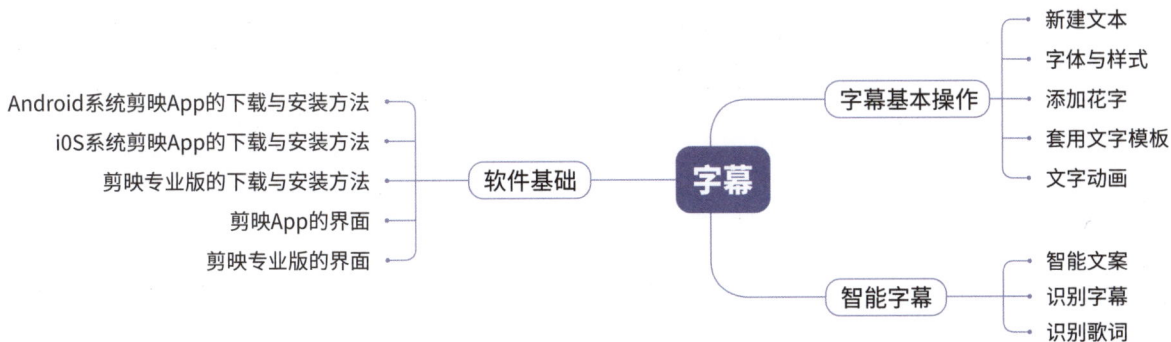

- Android系统剪映App的下载与安装方法
- iOS系统剪映App的下载与安装方法
- 剪映专业版的下载与安装方法
- 剪映App的界面
- 剪映专业版的界面

软件基础

字幕

字幕基本操作
- 新建文本
- 字体与样式
- 添加花字
- 套用文字模板
- 文字动画

智能字幕
- 智能文案
- 识别字幕
- 识别歌词

☞ 项目评价

评价内容	评价标准	分值	学生自评	小组评定
软件基础知识引导	能够说出剪映的不同版本	5		
	能够说出剪映 App 预览区不同按钮的功能	5		
	能够说出剪映 App 时间轴的功能分布	5		
	能够说出剪映 App 工具栏中编辑工具类型	5		
字幕基本操作知识引导	能够使用工具栏中的"文本"按钮添加字幕	5		
	能够使用"编辑"按钮调整字体和样式	5		
	能够使用"样式"选项修改文字的样式	5		
	能够使用"编辑"按钮将输入的文字变成艺术字	5		
	能够使用"文字模板"选项套用文字模板	5		
	能够使用"动画"选项为文字添加动画	5		
智能字幕知识引导	能够使用"智能文案"中的按钮生成所需文案	5		
	能够使用"识别字幕"按钮为视频中的语音同步添加字幕	5		
	能够使用"识别歌词"按钮快速根据歌曲的内容生成对应的歌词	5		
任务实施	能够使用"开始创作"按钮导入指定素材	5		
	能够使用"旋转"按钮调节画面角度	5		
	能够使用"智能剪口播"工具处理视频素材的语音文字信息	5		
	能够说出删除和修改口播文字的方法	5		
	能够使用"导出"按钮导出视频	5		
	能够掌握查看导出文件的方法	5		
	能够使用"贴纸"按钮添加所需贴纸并调整	5		
总计		100		

拓展训练

字幕在剪映中的应用较为简单，下面通过两个拓展训练，复习字幕的使用方法。请读者根据要求和提示制作视频。

拓展训练1：电子相册抖动字幕

扫码看案例视频　　扫码看案例效果

日常拍摄的生活中的照片，使用剪辑软件进行编辑，就能生成动态的电子相册，配上一些带动画的字幕，将其上传到社交平台上能吸引观看者的注意。

☞ 习题要求

◇　视频主题：电子相册抖动字幕
◇　视频分辨率：1080P
◇　制作端：剪映App
◇　视频时长：15s左右
◇　视频要求：添加贴纸和动态字幕
◇　视频版式：竖屏

☞ 步骤提示

① 打开剪映App，设置草稿参数后导入照片素材文件。
② 将照片素材添加到时间轴中，素材轨道的时长总体保持在15s左右。
③ 在"贴纸"的"边框"中选择一个拍立得边框类型的贴纸，将其添加到照片素材上方。
④ 在贴纸下方输入文字Daily Life，选择一个手写体字体，颜色为深灰色或黑色。
⑤ 在文字的动画中选择"循环"里的"晃动"。
⑥ 预览整个制作文件无误后导出文件，格式为MP4。

拓展训练2：秋分节气视频

在节气这一天，可以制作一些相关的短视频分享到社交媒体或分享给亲友。运用带动画的字幕会使视频更加生动。

☞ 习题要求

◇ 视频主题：秋分节气视频
◇ 视频分辨率：1080P
◇ 制作端：剪映专业版
◇ 视频时长：5s左右
◇ 视频要求：添加动态字幕
◇ 视频版式：竖屏

☞ 步骤提示

① 打开剪映专业版，设置草稿参数后导入视频素材文件。
② 将素材添加到时间轴中，放大画面，使画面填满整个屏幕，缩短素材时长为5s左右。
③ 添加文字"秋分"，选择一个手写体字体，入场动画为"打字机Ⅱ"，动画时长为1s。
④ 继续添加文字"昼夜均而寒暑平"，选择一个宋体类字体，入场动画为"渐显"，动画时长为3s。
⑤ 将"昼夜均而寒暑平"轨道的起始位置移动到2s左右的位置。
⑥ 预览整个制作文件无误后导出文件，格式为MP4。

剪映

项目 2

剪映配音与音频编辑主题制作

项目介绍

☞ 情境描述

剪映可以方便地导入音频文件，并进行精确的剪辑操作，如切割、合并和删除不需要的部分。此外，剪映还提供了多种音频效果，如淡入淡出、变速和变调等，这些功能可以很好地调整音频的节奏。

对于需要添加背景音乐的视频，剪映也提供了音乐库。音乐库中的音乐涵盖多种风格和流派，可以满足不同场景的需求。同时，还可以调整音乐的音量和播放速度，使其与视频内容匹配。

本任务首先要解读音频编辑方式，明确制作要求、工作时间和交付要求等信息。然后对原始音视频素材进行整理、筛选并排序，搜集、分析同类音频编辑范例，制定音频编辑方案，梳理流程和要点，选定音频编辑策略。最后将制作完成的视频定稿按照指定的文件格式输出，与工程文件一起存档并交付。

☞ 任务要求

在音频处理方面，剪映提供了丰富的功能和操作简便的界面，使用户能够轻松地对音频进行剪辑和调整。读者根据要求完成以下任务。

任务1：温馨日常配乐视频。

任务2：民宿配音Vlog视频。

任务3：音乐卡点短视频。

根据任务的情境描述，在规定时间内完成音频编辑任务。

① 根据任务要求，高效、准确地处理素材，分析、筛查同类案例，制定音频编辑方案。

② 制作简要脚本，确定音频风格类型、表现形式等策略，要求主题突出、立意正确。

③ 视频分辨率为1080P，格式为MP4。

④ 根据工作时间和交付要求，整理、输出并提交符合客户要求的文件。

学习与技能目标

◇ 能够说出背景音乐和音效的作用。
◇ 能够使用"音乐"为视频添加剪映音乐库中的音乐。
◇ 能够说出添加外部音乐的方法。
◇ 能够说出用"AI音乐"功能智能生成音乐的方法。
◇ 能够使用"音效"为视频添加所需音效。
◇ 能够使用"文字转音频"把相应文字转换成音频。
◇ 能够说出为视频添加"数字人"的方法。
◇ 能够使用"音量"调整视频音量。
◇ 能够使用"淡入淡出"为音乐添加过渡效果。
◇ 能够使用"声音效果"调整音频音色。
◇ 能够使用"场景音"对原有录音进行修饰。
◇ 能够使用"声音成曲"更改音乐的风格。

◇ 能够使用"变速"调整音频的速度。

◇ 能够使用"降噪开关"对音频进行降噪。

◇ 能够说出手动添加音乐节奏点的方法。

◇ 能够说出自动添加音乐节奏点的方法。

◇ 能够使用"比例"调整画面比例。

◇ 能够说出放大素材的方法。

◇ 能够使用"变速"调整"时长"。

◇ 能够使用"分割"剪辑视频。

◇ 能够说出选择语音包的方法。

◇ 能够根据节奏点为视频添加闪光效果。

◇ 能够使用"导出"按钮导出视频。

项目知识链接

在短视频中音频是非常重要的一环。音频包含背景音乐和音效两类，背景音乐可以在听觉方面弥补视频信息的不足，同时起到烘托气氛的作用；音效可以增加视频的趣味性。添加了背景音乐或音效后，还需要对这些音频进行一系列的处理，这样才能更好地配合视频画面，呈现想表达的内容。

添加音乐

剪映自带丰富的音乐资源，方便用户随时使用。打开剪映App，导入相应素材，在工具栏中点击"音频"，然后点击"音乐"，如图2-1和图2-2所示。

扫码看教学视频

图2-1

图2-2

软件会切换到"音乐"界面，加载剪映自带的音乐库，如图2-3所示。用户可以搜索想要的音乐，也可以根据分类快速选择需要的类型。点击所选的音乐，可以进行试听，确认是否适合使用，如图2-4所示。

收藏音乐：将选中的音乐添加到"收藏"中，方便下次快速选用。

下载音乐：可以下载选择的音乐，下载完成后自动播放。

图2-3

使用音乐：点击"使用"按钮，可以将选择的音乐添加到项目中。

图2-4

除了使用剪映自带的音乐库添加音乐外，还可以通过"导入"功能导入外部音乐，如图2-5所示。

如果没有找到合适的音乐，还可以尝试通过"AI音乐"功能生成一段音乐。在"AI音乐"文本框中输入一段歌词，或者让软件智能生成歌词，再输入一些音乐描述文字，选择音乐的类型，如图2-6所示，就能生成时长约1min的音乐。

链接下载： 可粘贴合适的抖音视频的链接，从而使用视频中的音乐。

提取音乐： 提取手机或计算机中存储的视频的音乐。

本地音乐： 加载手机或计算机中存储的音乐文件。

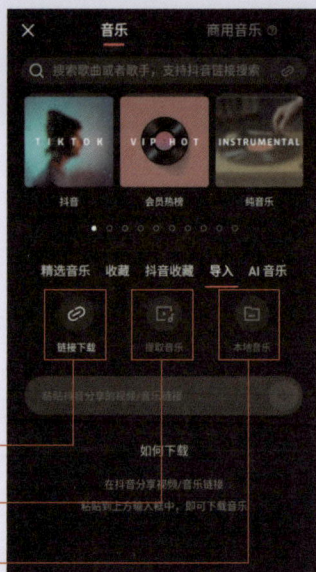

图2-5

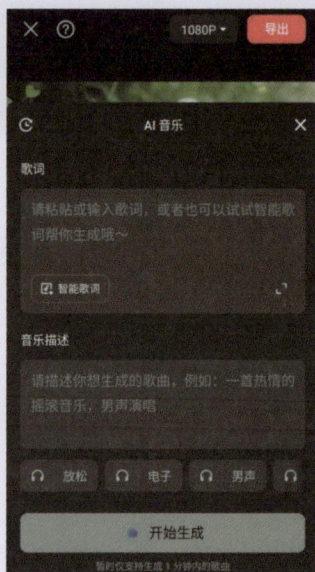

图2-6

添加音效

音效能增强视频的氛围感，如哈哈大笑的声音和机械的声音等。在"音频"工具栏中就可以找到"音效"，如图2-7所示。

点击"音效"，会弹出音效界面，如图2-8所示。在音效界面中可以快速搜索想要的音效，也可以根据分类快速选择音效。使用方法与"音乐"一样。

扫码看教学视频

图2-7

图2-8

文字转音频

经常刷短视频的读者肯定听过短视频中的配音解说。在剪映中，只需要输入文字内容，选择一款合适的音色，就能生成对应的音频。对于需要配音的短视频，除了制作者自己录音以外，这种方法是最简单、直接的，效果也是非常好的。

利用剪映自带的"文字转音频"功能，就能生成对应的音频。在"音频"工具栏中点击"文字转音频"，会弹出相对应的界面，如图2-9和图2-10所示。在界面上方输入需要生成音频的文字内容，下方可以选择不同的音色类型。点击"更多"，会弹出音色选择界面，如图2-11所示。

扫码看教学视频

图2-9

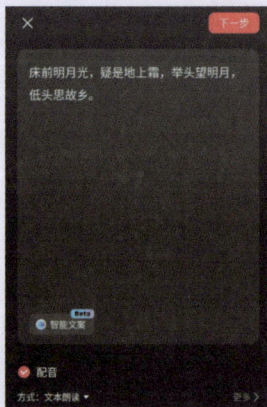

图2-10

图2-11

选中最下方的"数字人"选项，可以选择不同的数字人并添加到视频画面中，如图2-12所示。

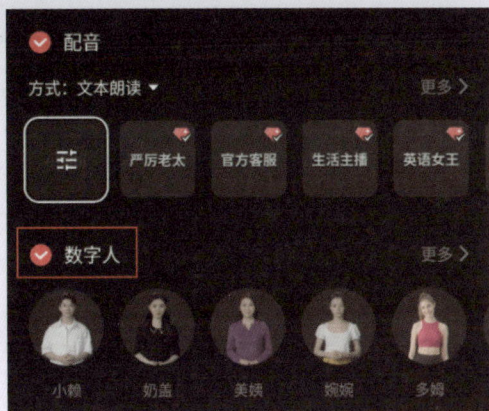

图2-12

调整音量

有时候添加的音频的音量未必合适，需要对音量进行调整。选中需要调整音量的音频轨道，然后在下方工具栏中点击"音量"，在弹出的界面中就可以通过滑动滑块增大或减小音量，如图2-13和图2-14所示。

扫码看教学视频

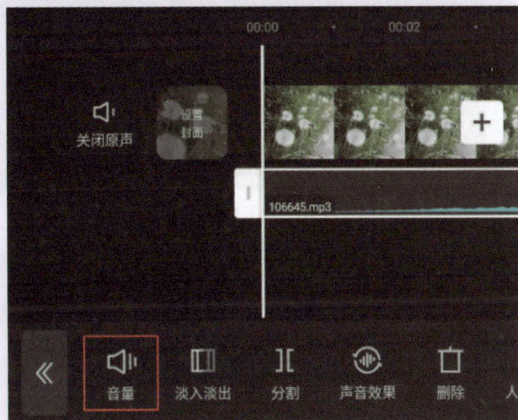

图2-13

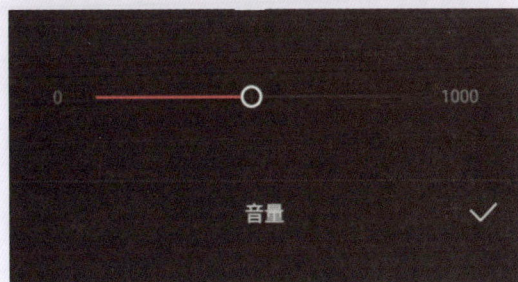

图2-14

音频淡入淡出

扫码看教学视频

一些音乐没有前奏或尾音，这可能导致音乐在视频中突然出现或突然消失，影响视频的观看体验。遇到这种音乐素材，需要加上淡入淡出效果，人为处理音量变化，实现音乐的自然过渡。

选中需要添加淡入淡出效果的音频轨道，在下方工具栏中点击"淡入淡出"，如图2-15所示。在弹出的界面中滑动滑块，就可以控制淡入、淡出的时长，如图2-16所示。调整之后的音频波形图会有所变化，如图2-17所示。

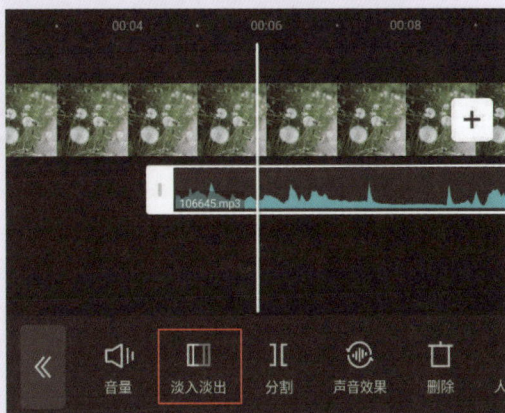

图2-15

图2-16

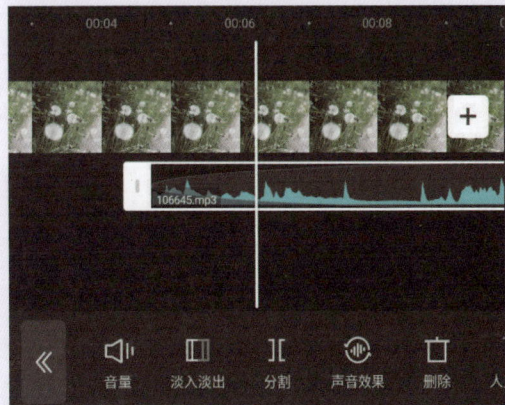

图2-17

调整音色

如果录制了一段语音，发现音色不是很合适，可以运用变声功能进行调整。选中需要变声的音频轨道，在下方工具栏中点击"声音效果"，在弹出的界面中选择更改的音色，如图2-18和图2-19所示。

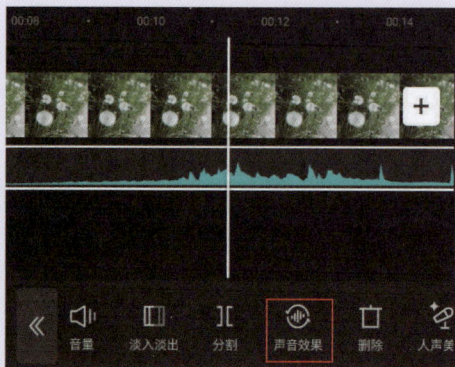

图2-18

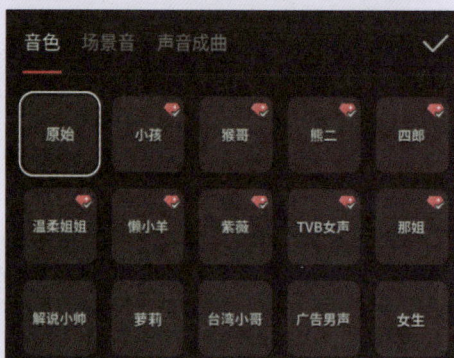

图2-19

除了改变原本的音色，还可以在原有的录音上进行一定的修饰。选择"场景音"选项，在其下方可以选择一些声音的修改预设，如图2-20所示。在"声音成曲"中还可以更改音乐的风格，如图2-21所示。对于录制的歌曲类音频，这个功能很好用。

图2-20

图2-21

音频变速

有时为了配合视频的内容，需要改变音频的速度。选中需要变速的音频轨道，在下方工具栏中点击"变速"，在弹出的界面中进行调整，数值越大速度越快，如图2-22和图2-23所示。

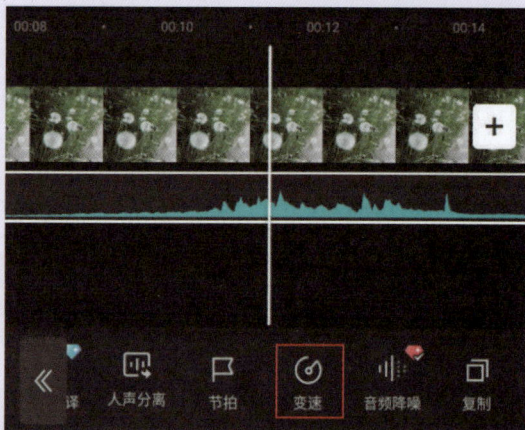

图2-22

图2-23

💡 提示

选中"声音变调"之后，音频中的声音会随着播放速度的加快或减慢而产生变调，不选中该选项则保持原有的声调。

音频降噪

录制设备的瑕疵，可能导致录制的音频产生一些噪声，影响视频的观看体验。选中需要降噪的音频轨道，在下方工具栏中点击"音频降噪"，在弹出的界面中打开"降噪开关"，如图2-24和图2-25所示。

扫码看教学视频

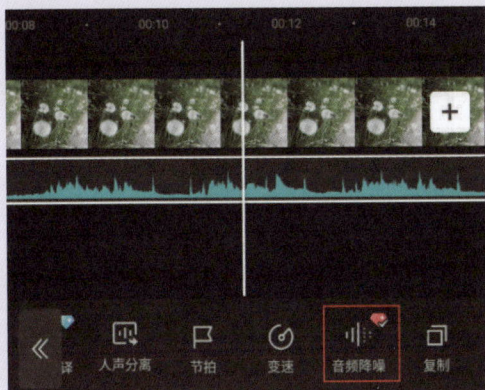

图2-24

图2-25

> 💡 **提示**
>
> 在工具栏中点击"录音"，就可以用手机的麦克风进行录音，如图2-26所示。
>
>
>
> 图2-26

音频卡点

扫码看教学视频

网络中经常会见到音乐卡点、很有节奏感的短视频。通过音乐节奏的变换，呈现画面切换、特殊效果和颜色变化等，实现视觉和听觉上的统一，让短视频更具有吸引力。

在剪映App中添加音乐的节拍较为简单。选中音频轨道后，点击下方工具栏中的"节拍"，在

弹出的界面中有两种方式可以添加节奏点，一种是点击"添加点"手动添加，另一种是打开"自动踩点"让软件根据音乐节奏添加，如图2-27和图2-28所示。

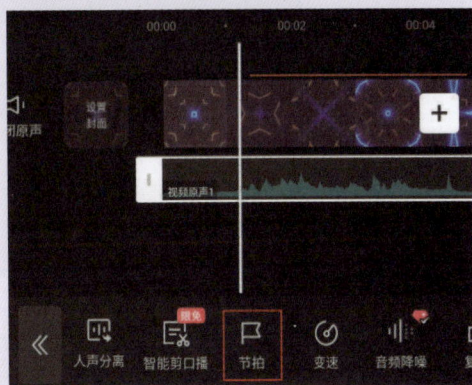

图2-27

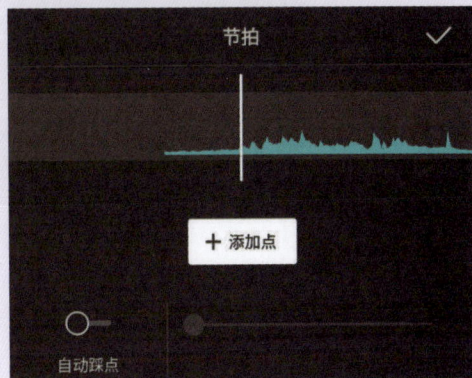

图2-28

手动添加节奏点时，只要移动轨道定位线的位置，点击"添加点"，播放指示器位置就会自动出现一个黄色的圆点，如图2-29所示。如果不想要这个点，在该位置点击"删除点"即可，如图2-30所示。

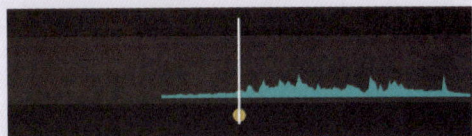

图2-29

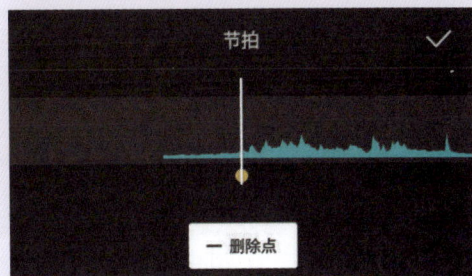

图2-30

"自动踩点"功能则更适合手机使用，只需要打开该功能，软件会自动标注所有的节奏点，如图2-31所示。根据需求，调整下方的滑块，就能控制节奏点的密集度，节奏越慢，点越稀疏，如图2-32所示。

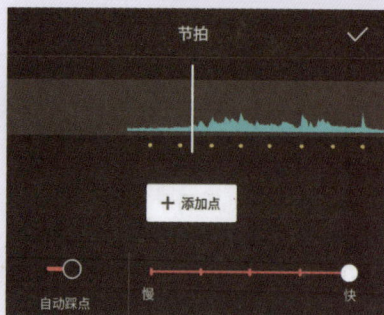

图2-31

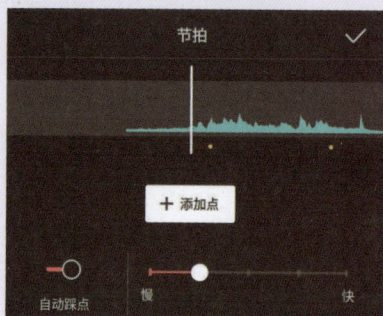

图2-32

剪映专业版的卡点方式与剪映App的卡点方式比较类似。选中音频轨道后，在时间轴上方单击"添加标记"，就能在播放指示器位置添加蓝绿色的节拍标记，如图2-33所示。如果要删除这个标记，只需将播放指示器移动到标记点的位置，单击"删除标记"即可，如图2-34所示。

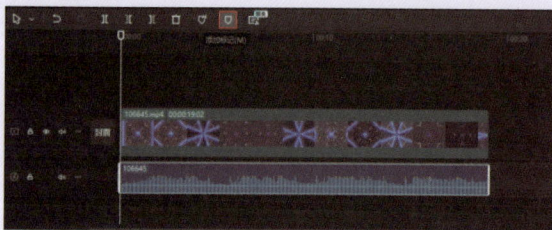

图2-33

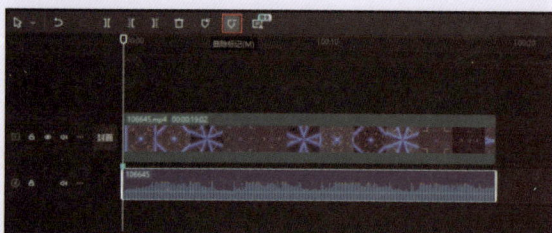

图2-34

剪映专业版也可以使用自动踩点的功能。选中音频轨道后，长按时间轴上方的"添加音乐标记"，在弹出的下拉菜单中选择一个踩节拍的选项，就会自动生成不同节奏的标记，如图2-35和图2-36所示。

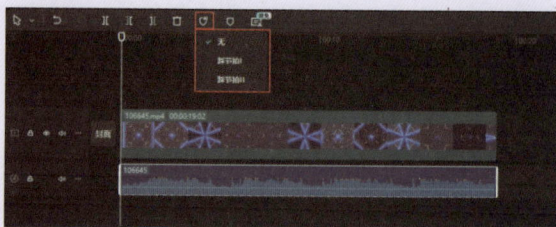

图2-35

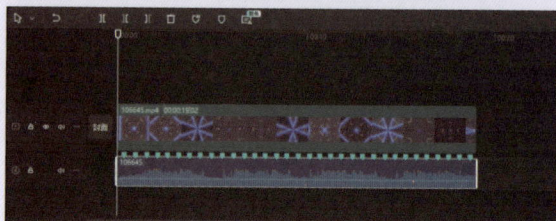

图2-36

除了音频本身添加节拍外，视频也可以根据音频节奏生成节拍。在剪映App中，选中视频轨道，点击工具栏中的"变速"，选择"变速卡点"，在弹出的界面中就可以选择卡点的特效，如图2-37和图2-38所示。软件会自动识别音频的节奏，根据节奏在画面上添加这些特效，实现卡点效果。

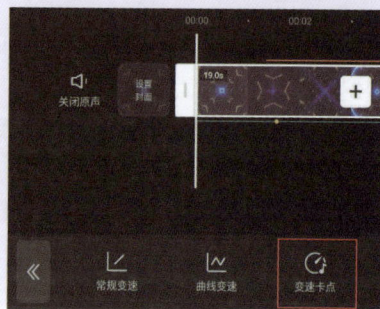

图2-37

图2-38

💡 **提示**

剪映专业版暂时没有视频变速卡点的功能。

任务实施

任务2.1 温馨日常配乐视频

素材位置	素材文件 > 项目2> 任务：温馨日常配乐视频
视频名称	任务：温馨日常配乐视频 .mp4
学习目标	掌握添加视频背景音乐的方法

扫码看案例视频　　扫码看案例效果

☞ 任务简介

　　音乐能提升视频的整体氛围，能让观看者很好地融入视频所介绍的内容中。一个好的背景音乐一定要符合视频的整体基调，也要能吸引观看者的注意力。近年来，很多短视频的配乐都成为年度"爆款"音乐，可见音乐与视频两者是密不可分的。

　　在这个任务中，我们需要将提供的素材在剪映App中剪辑为日常分享类视频，同时在音乐库中选择一段温馨基调的音乐作为视频配乐。

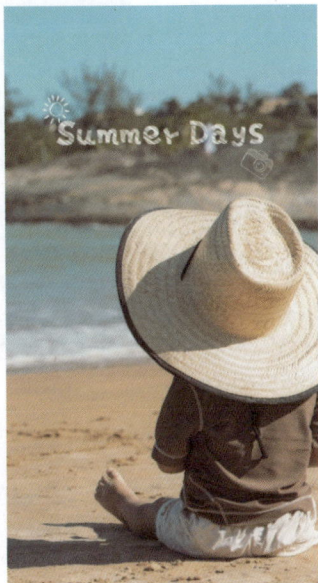

☞ 任务要点

◇ 使用"比例"调整画面比例。
◇ 说出放大素材的方法。
◇ 使用"音乐"为视频添加剪映音乐库中的音乐。
◇ 使用"分割"裁剪视频。
◇ 使用"淡入淡出"为音乐添加过渡效果。
◇ 使用"导出"按钮导出视频。

☞ 任务制作

01 打开剪映App，在"剪辑"界面点击"开始创作"按钮，导入学习资源"素材文件>项目2>任务：温馨日常配乐视频"文件夹中的图片素材文件，如图2-39所示。

图2-39

02 在工具栏中点击"比例"，选择9：16的显示比例，如图2-40所示。

图2-40

03 双指滑动屏幕，将所有素材放大，填充整个画面，如图2-41所示。

图2-41

04 在画面上方位置，添加文字Summer Days，选择一个手写体的字体，也可以直接选择一个文字模板，如图2-42所示。

图2-42

05 延长文字轨道，使其与上方图片轨道的长度相同，使文字始终显示在画面上，如图2-43所示。

图2-43

06 在工具栏中点击"音频"中的"音乐"，然后搜索"温馨的纯音乐"，在下方选择"温馨时光"音乐，点击"使用"就可以将音乐添加到时间轴中，如图2-44和图2-45所示。

图2-44

图2-45

07 选中音乐轨道，在图片轨道的末尾位置点击"分割"，然后删掉后半部分多余的音乐，使音乐轨道与图片轨道的长度相同，如图2-46所示。

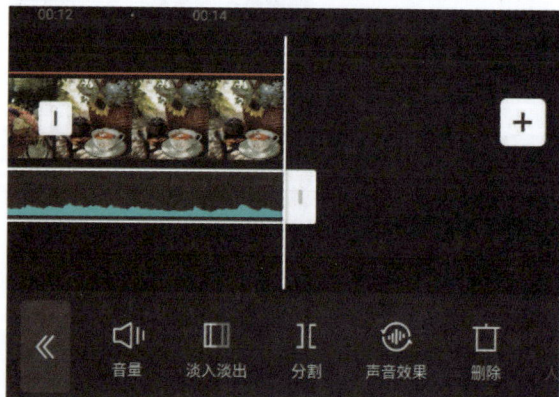

图2-46

08 选中音乐轨道，点击下方工具栏中的"淡入淡出"，设置"淡出时长"为2.5s，如图2-47所示。设置后音乐就不会突然消失，观看者的听感会更好。

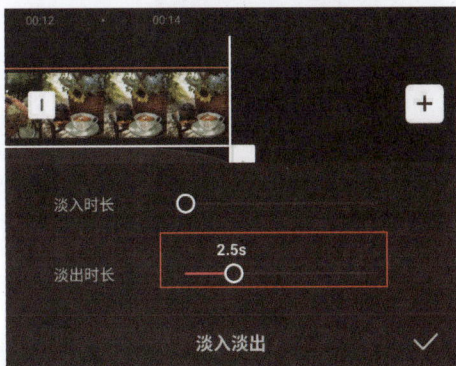

图2-47

09 点击界面右上角的"导出"按钮 导出 ，导出制作好的短视频，效果如图2-48所示。

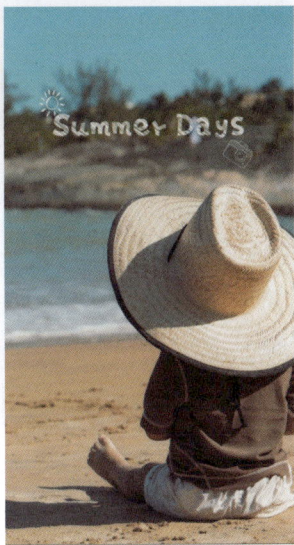

图2-48

任务2.2	民宿配音Vlog视频
素材位置	素材文件 > 项目 2> 任务：民宿配音 Vlog 视频
视频名称	任务：民宿配音 Vlog 视频 .mp4
学习目标	掌握文字转音频的操作方法

扫码看案例视频　　扫码看案例效果

☞ 任务简介

　　日常在刷短视频时，经常会遇到一些配音的视频。运用剪映自带的语音库，能生成不同语调的语音，作为短视频的解说。在影视解说和游戏攻略解说类视频中配音是很常见的，制作者只需要复制文案内容，选择合适的语音包，就能生成语音和字幕，配合画面内容进行讲解。

　　在这个任务中，需要为一段民宿探店的视频添加文案，从而生成语音和字幕，并配上背景音乐，形成一段较为完整的探店短视频。

☞ 任务要点

- ◇ 使用"文字转音频"把相应文字转换成音频。
- ◇ 使用"变速"调整"时长"。
- ◇ 使用"淡入淡出"为音乐添加过渡效果。
- ◇ 说出选择语音包的方法。
- ◇ 使用"导出"按钮导出视频。

☞ 任务制作

01 打开剪映专业版，在"首页"界面单击"开始创作"按钮 开始创作 ，导入学习资源"素材文件>项目2>任务：民宿配音Vlog视频"文件夹中的视频素材文件，如图2-49所示。

02 新建一个文本轨道，然后在文本框中输入学习资源中"文案.txt"中的文字，如图2-50所示。

图2-49

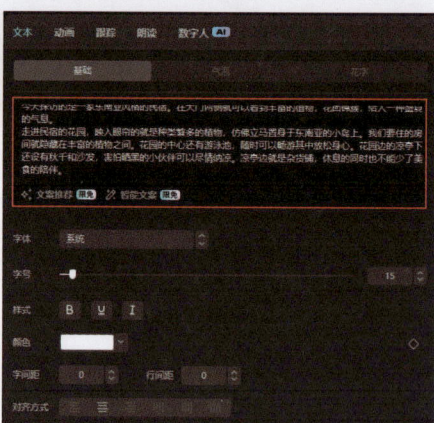

图2-50

提示

这里不需要调整文字的字体、字号和颜色等属性，保持默认即可。

03 单击界面上方的"朗读"选项卡，然后选择一个好听的语音包，这里选择"小姐姐"语音包，如图2-51所示。

图2-51

提示

读者也可以选择其他喜欢的语音包。

04 单击界面右下方的"开始朗读"按钮 开始朗读，就可以将文字转换为音频，如图2-52所示。

图2-52

05 这时会发现音频轨道的长度要大于视频轨道的长度。选中音频轨道，在"变速"中调整"时长"为30.9s，这样就能让两个轨道的长度基本相同，如图2-53和图2-54所示。

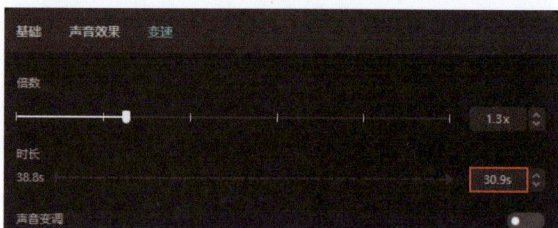

图2-53

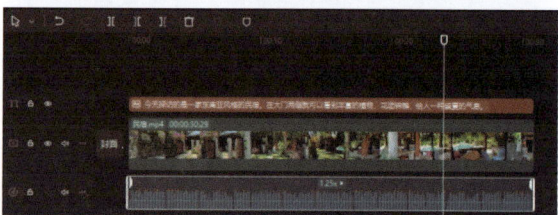

图2-54

06 语音添加完成后，需要添加字幕。选中音频轨道，在"文本"的"智能字幕"中单击"文稿匹配"的"开始匹配"，然后在弹出的对话框中粘贴文案内容，如图2-55和图2-56所示。

图2-55

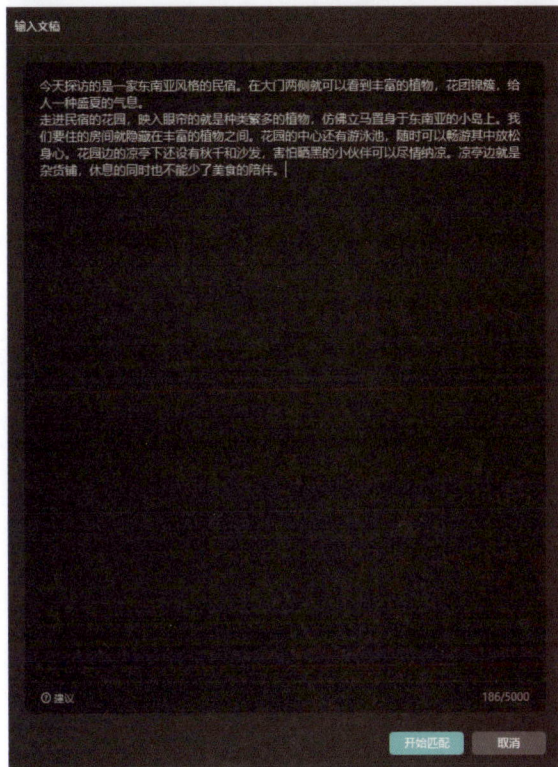

图2-56

图2-58

09 将选择的音乐添加到时间轴中，音乐长度远大于视频长度，需要裁剪多余的音乐，如图2-59和图2-60所示。

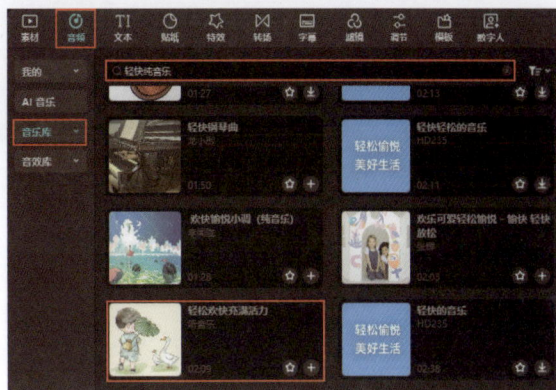

图2-59

图2-60

07 单击"开始匹配"按钮 开始匹配 ，稍等片刻就能生成字幕，如图2-57所示。

图2-57

10 选中背景音乐轨道，设置"淡入时长"和"淡出时长"都为1s，如图2-61和图2-62所示。

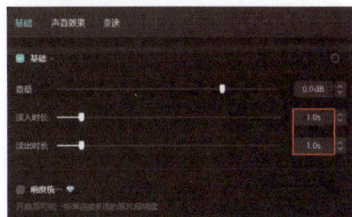

图2-61

💡 **提示**

步骤02中创建的文字轨道需要删除。

08 下面需要添加一段背景音乐。在"音频"的"音乐库"中搜索"轻快纯音乐"，然后选择图2-58所示的音乐。

图2-62

11 单击"导出"按钮 □ 导出，导出制作好的短视频，效果如图2-63所示。

💡 **提示**

这个案例也可以使用剪映App制作。在"音频"工具栏中点击"文字转音频"就能实现音频和字幕的同步生成。这个功能在手机上使用时有时候不稳定，容易生成失败。如果读者在剪映App中使用不成功，建议切换剪映专业版制作。

今天探访的是一家东南亚风格的民宿

图2-63

任务2.3　音乐卡点短视频

素材位置	素材文件 > 项目 2> 任务：音乐卡点短视频
视频名称	任务：音乐卡点短视频 .mp4
学习目标	掌握音乐卡点的方法

扫码看案例视频　　扫码看案例效果

☞ 任务简介

音乐卡点的短视频在媒体平台上非常常见。随着音乐节奏，画面交替或者产生一些特效，能增强视频的可看性，吸引观看者的注意。

在这个任务中，需要在剪映App中运用节奏点的功能为音乐标记节奏点，并为视频素材按照节奏点添加闪光效果。

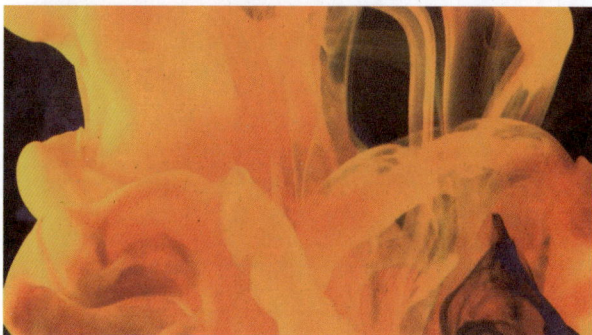

☞ 任务要点

◇ 说出添加外部音乐的方法。
◇ 说出自动添加音乐节奏点的方法。
◇ 根据节奏点为视频添加闪光效果。
◇ 使用"导出"按钮导出视频。

☞ 任务制作

01 打开剪映App，在"剪辑"界面点击"开始创作"按钮，导入学习资源"素材文件>项目2>任务：音乐卡点短视频"文件夹中的视频素材文件，如图2-64所示。

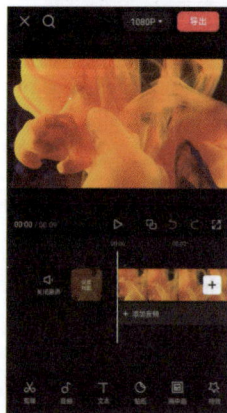

02 点击"音频"工具栏中的"音乐"，导入学习资源中的107862.mp3文件，如图2-65所示。

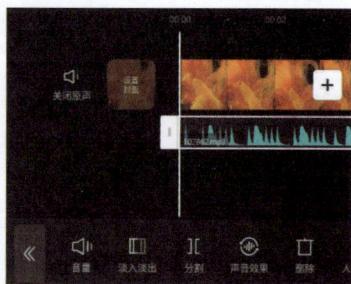

图2-64

图2-65

03 对音频轨道进行裁剪，使其长度与视频轨道的相同，如图2-66所示。

图2-66

04 选中音频轨道，点击下方工具栏中的"节拍"，如图2-67所示。

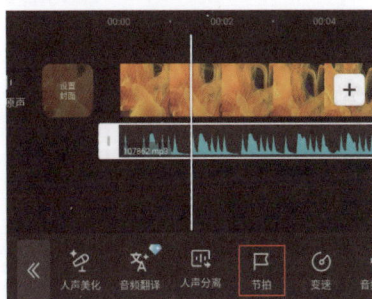

图2-67

05 在弹出的界面中打开"自动踩点"功能，软件会根据音频自动添加节奏点，如图2-68所示。

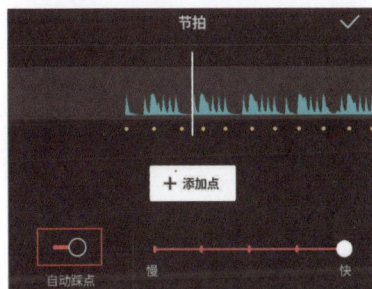

图2-68

06 自动生成的节奏点比较密，向左滑动节奏调节的滑块，降低节奏点的密度，如图2-69所示。

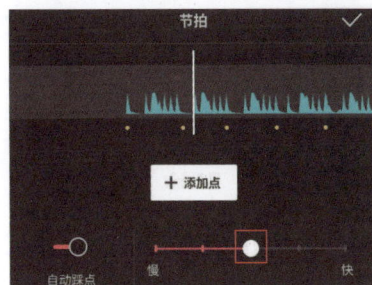

图2-69

07 选中视频轨道，点击下方工具栏中的"变速"，然后点击"变速卡点"，如图2-70和图2-71所示。

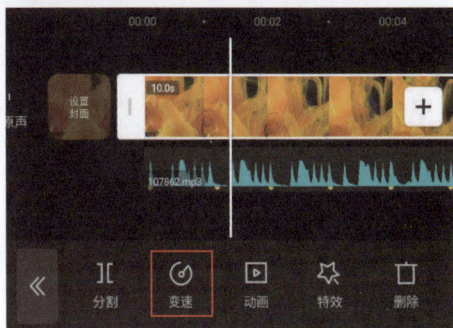

图2-70

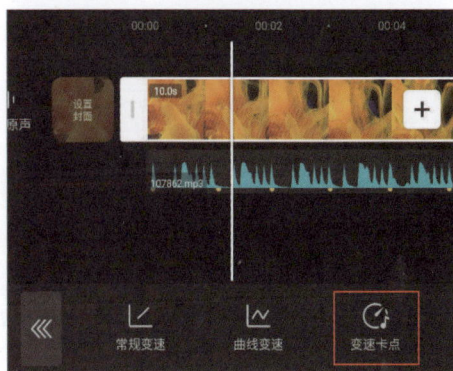

图2-71

08 在弹出的界面中选择"闪光"类型，经过一段时间的计算后，画面就会随着节奏点出现闪光的效果，如图2-72所示。

图2-72

09 预览视频无误后，点击"导出"按钮 导出视频到手机相册中，效果如图2-73所示。

图2-73

项目总结与评价

☞ 项目总结

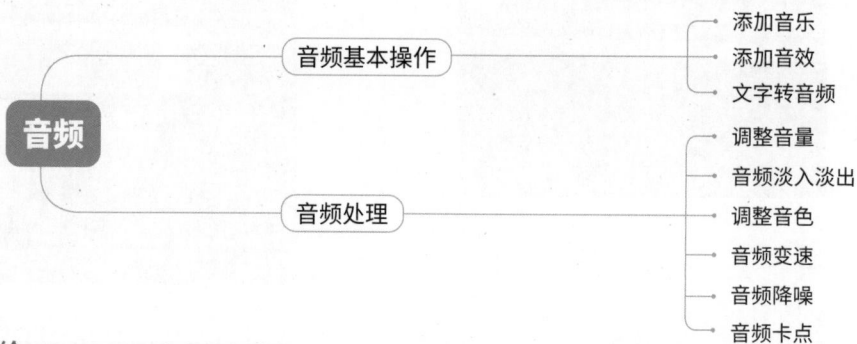

☞ 项目评价

评价内容	评价标准	分值	学生自评	小组评定
音频基本操作知识引导	能够说出背景音乐和音效的作用	4		
	能够使用"音乐"为视频添加剪映音乐库中的音乐	4		
	能够说出添加外部音乐的方法	4		
	能够说出用"AI 音乐"功能智能生成音乐的方法	4		
	能够使用"音效"为视频添加所需音效	4		
	能够使用"文字转音频"把相应文字转换成音频	4		
音频处理知识引导	能够说出为视频添加"数字人"的方法	4		
	能够使用"音量"调整视频音量	4		
	能够使用"淡入淡出"为音乐添加过渡效果	4		
	能够使用"声音效果"调整音频音色	4		
	能够使用"场景音"对原有录音进行修饰	4		
	能够使用"声音成曲"更改音乐的风格	4		
	能够使用"变速"调整音频的速度	4		
	能够使用"降噪开关"对音频进行降噪	4		
	能够说出手动添加音乐节奏点的方法	6		

续表

评价内容	评价标准	分值	学生自评	小组评定
音频处理知识引导	能够说出自动添加音乐节奏点的方法	4		
任务实施	能够使用"比例"按钮调整画面比例	6		
	能够说出放大素材的方法	6		
	能够使用"变速"调整"时长"	4		
	能够使用"分割"按钮剪辑视频	4		
	能够说出选择语音包的方法	4		
	能够根据节奏点为视频添加闪光效果	6		
	能够使用"导出"按钮导出视频	4		
总计		100		

拓展训练

音频在剪映中的应用较为简单,下面通过两个拓展训练,复习音频的使用方法。请读者根据要求和提示制作视频。

拓展训练1: 音乐卡点美食相册

短视频中常见的电子相册大多数会采用音乐卡点进行制作,在音乐的节奏点处切换图片。

扫码看案例视频　　扫码看案例效果

☞ 习题要求

◇　视频主题:音乐卡点美食相册
◇　视频分辨率:1080P
◇　制作端:剪映App
◇　视频时长:13s左右

◇ 视频要求：配合音乐节奏切换图片
◇ 视频版式：横屏

☞ 步骤提示

① 打开剪映App，导入图片和音乐素材。
② 使用"节拍"功能自动生成音乐的节奏点，调整图片轨道的长度，使其在切换时与节奏点相同。
③ 裁剪多余的音乐轨道。
④ 选中图片轨道，在"动画"中加入图片的组合动画。
⑤ 预览整个制作文件无误后导出文件，格式为MP4。

拓展训练2：动感舞蹈视频

　　配合音乐的节奏，运用"变速"功能改变视频的播放速度，呈现不同的播放效果。

扫码看案例视频　　扫码看案例效果

☞ 习题要求

◇ 视频主题：动感舞蹈视频
◇ 视频分辨率：1080P
◇ 制作端：剪映App
◇ 视频时长：13s左右
◇ 视频要求：添加音乐
◇ 视频版式：横屏

☞ 步骤提示

① 打开剪映App，导入视频素材和音乐素材。
② 选择视频轨道，在"变速"工具栏中的"曲线变速"中选择"蒙太奇"。
③ 根据视频轨道的长度裁剪音乐轨道的长度。
④ 选中视频轨道，在"动画"的"组合"选项卡下的"循环动画"中选择一种动画效果。
⑤ 预览整个制作文件无误后导出文件，格式为MP4。

剪映

剪映转场与衔接剪辑主题制作

项目介绍

情境描述

　　剪映是一款功能强大的视频剪辑软件，它为用户提供了丰富的转场特效，让画面过渡自然、流畅。在剪映中，转场特效种类繁多，从简单的溶解、推拉到复杂的3D、动态模糊等，应有尽有。这些转场特效不仅能够帮助用户轻松实现不同场景之间的平滑过渡，还能让视频更具动感。通过巧妙地运用转场特效，用户可以制作出更具吸引力和视觉冲击力的视频作品。无论是制作个人Vlog、短片还是制作商业广告，剪映的转场功能都能为用户带来极大的便利和创作乐趣。

　　本任务首先要解读转场类型及添加方式，明确制作要求、工作时间和交付要求等信息。然后对原始音视频素材进行整理、筛选并排序，搜集、分析同类视频转场添加范例，制定视频转场添加及编辑方案，梳理流程和要点，选定视频转场添加及编辑策略。最后将制作完成的视频定稿按照指定的文件格式输出，与工程文件一起存档并交付。

任务要求

　　转场是视频剪辑中非常重要的一个环节，短视频也不例外。好的转场可以增加画面的丰富程度，吸引观看者观看。转场的类型有很多，需要根据视频的主题进行选择。读者根据要求完成以下任务。

　　任务1：城市展示卡点转场。

　　任务2：人像故障转场。

　　任务3：无缝衔接转场。

　　任务4：水墨素材转场。

　　根据任务的情境描述，在规定时间内完成视频转场添加及编辑任务。

　　① 根据任务要求，高效、准确地处理素材，分析、筛查同类案例，制定视频转场添加及编辑方案。

　　② 制作简要脚本，确定视频转场风格类型、表现形式、配色方案等策略，要求主题突出、立意正确。

　　③ 视频分辨率为1080P，格式为MP4。

　　④ 根据工作时间和交付要求，整理、输出并提交符合客户要求的文件。

学习与技能目标

- 能够说出几种常见的转场类型。
- 能够说出添加转场效果的方法。
- 能够说出添加剪映专业版转场效果的方法。
- 能够使用"添加音频"导入指定音频文件。
- 能够使用"分割"效果为两个素材添加转场效果并设置时长。
- 能够使用"斜向分割"效果为两个素材添加转场效果并设置时长。
- 能够使用"分割Ⅲ"效果为两个素材添加转场效果并设置时长。
- 能够使用"竖向分割"效果为两个素材添加转场效果并设置时长。
- 能够使用"缩放"效果为素材添加动画。

- ◇ 能够使用"动感放大"效果为素材添加入场动画并设置时长。
- ◇ 能够使用"黑色块"效果为素材添加故障效果。
- ◇ 能够说出裁剪轨道长度的方法。
- ◇ 能够使用"曲线变速"调整视频播放速度。
- ◇ 能够使用"'呼'的转场音效"为视频添加转场音效。
- ◇ 能够使用"画中画"添加素材。
- ◇ 能够使用"混合模式"为素材添加"滤色"效果。
- ◇ 能够使用"导出"按钮导出视频。

项目知识链接

　　视频转场最常见的是硬转场，即素材和素材之间几乎没有特效的转场，这在影视剧中很常见。这种转场需要在素材拍摄阶段就进行规划设计，在节奏把控上难度较高。不过，凭借丰富的经验与专业技巧，专业剪辑师能够很好地驾驭这种转场，实现理想的视觉效果。

　　对于普通人或者自媒体从业者，拍摄短视频的要求没有那么高，更多的是吸引观看者的注意，运用剪映中自带的转场特效，就能快速生成丰富的画面效果。点击两段素材之间的白色按钮，会弹出转场界面，显示丰富多样的转场预设，如图3-1和图3-2所示。只要选中转场预设，就可以在画面中预览转场效果。剪映中自带的转场类型很多，下面介绍一些较为常用的类型。

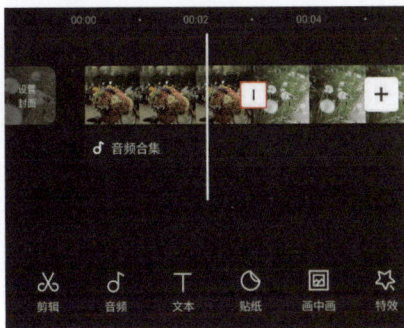

图3-1

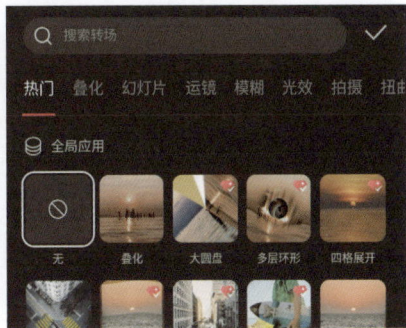

图3-2

叠化

　　叠化类转场会将两段素材按照不同的形式叠加进行过渡，如图3-3所示。当选择"叠化"效果后，下方出现的时间条，可以用来设置过渡的时长，如图3-4所示。添加转场效果后，就能清晰地看到叠化前后的变化，如图3-5所示。

扫码看教学视频

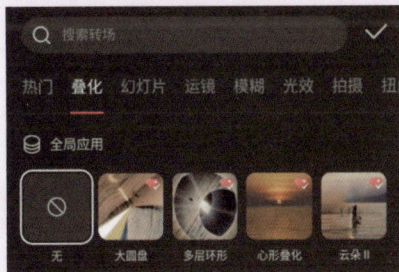

图3-3

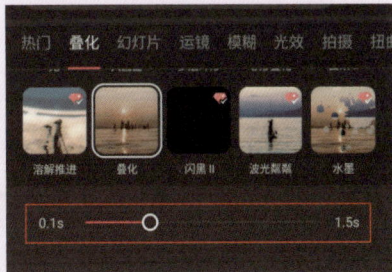

图3-4

💡 提示

　　读者可以逐一尝试叠化类型中其他的转场效果。

图3-5

幻灯片

幻灯片类型中的转场效果要相对复杂一些，会形成两段素材交替变形的复杂效果，如图3-6所示。以"翻篇"为例，添加该转场效果后，能看到前一段素材缩小，切换到下一段素材后，后一段素材再放大，如图3-7所示。

扫码看教学视频

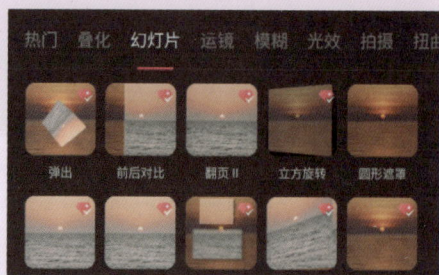

图3-6

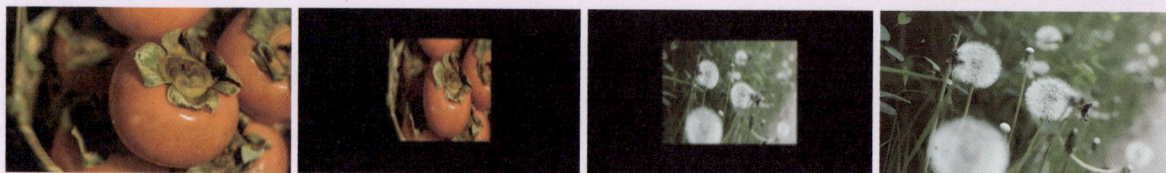

图3-7

> 💡 **提示**
>
> 在幻灯片类型中，"左移""百叶窗""前后对比"等效果较为常用，读者可以逐一尝试这些转场效果。

运镜

运镜类转场是呈现镜头移动的转场类型，看起来更加高级，如图3-8所示。以"推近"为例，添加该转场效果后，前一段素材会放大，同时变得模糊，切换到下一段素材后，后一段素材逐渐放大，同时由模糊变为清晰，如图3-9所示。

扫码看教学视频

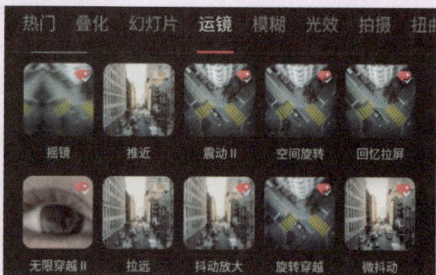

图3-8

图3-9

> 💡 **提示**
>
> 在运镜类型中，"拉远""吸入""抖动"等效果较为常用，读者可以逐一尝试这些转场效果。

模糊

模糊类转场通过不同的模糊效果实现两段素材之间的切换，如图3-10所示。以"模糊"为例，添加该转场效果后，两段素材相接的部分变得模糊，从而进行转场，如图3-11所示。

扫码看教学视频

图3-10

图3-11

> **💡 提示**
> 在模糊类型中，除了单纯的画面模糊，还会配合方向、亮度和形状等产生模糊效果，读者可以逐一尝试其他转场效果。

光效

光效类转场通过不同的灯光效果实现两段素材之间的切换，如图3-12所示。以"泛白"为例，添加该转场效果后，两段素材相接的部分逐渐曝光到白色，从而进行转场，如图3-13所示。

扫码看教学视频

图3-12

图3-13

> **💡 提示**
> 在光效类型中，"泛光""爆闪""闪光灯"等效果较为常用，读者可以逐一尝试这些转场效果。

拍摄

拍摄类转场通过模拟相机拍摄的效果实现两段素材之间的切换，如图3-14所示。以"拍摄器"为例，添加该转场效果后，两段素材相接的部分会出现一个相机的快门样式，从而进行转场，如图3-15所示。

扫码看教学视频

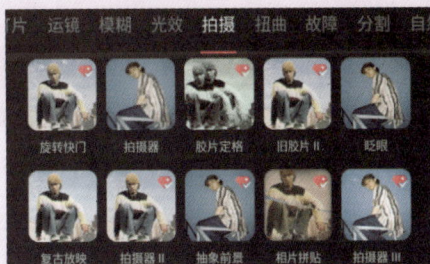

图3-14

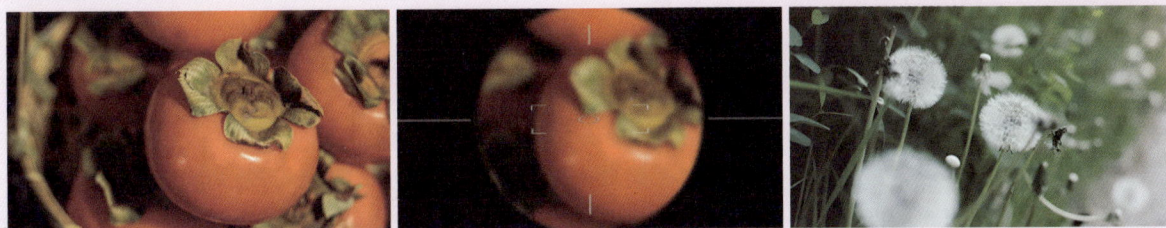

图3-15

扭曲

扭曲类转场是两段素材进行形态扭曲变形后实现切换，如图3-16所示。以"漩涡"为例，添加该转场效果后，两段素材相接的部分会呈现漩涡的效果，从而进行转场，如图3-17所示。

扫码看教学视频

图3-16

图3-17

💡 **提示**

在扭曲类型中，"拉伸""闪回"等效果较为常用，读者可以逐一尝试这些转场效果。

故障

故障类转场是剪映的一大特色类型，通过画面的短暂花屏实现两段素材之间的切换，如图3-18所示。以"故障"为例，添加该转场效果后，两段素材相接的部分会呈现花屏错位的效果，从而进行转场，如图3-19所示。

扫码看教学视频

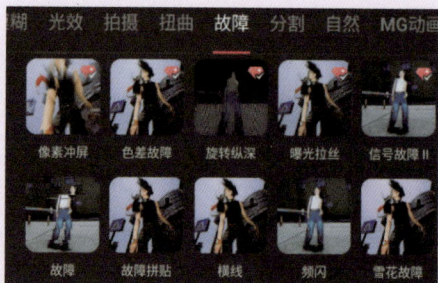

图3-18

图3-19

💡 **提示**

故障类转场能为画面增加丰富的视觉效果，配合音乐节奏进行卡点，在抖音等自媒体平台中出现的频率很高，读者可熟悉一些故障类的转场效果，将其运用到自己的短视频中。

分割

分割类转场将素材分割为不同的形状，从而进行转场，如图3-20所示。以"分割Ⅲ"为例，添加该转场效果后，前一段素材会分成左右两半，然后分别向上和向下互动，与后一段素材进行切换，如图3-21所示。

扫码看教学视频

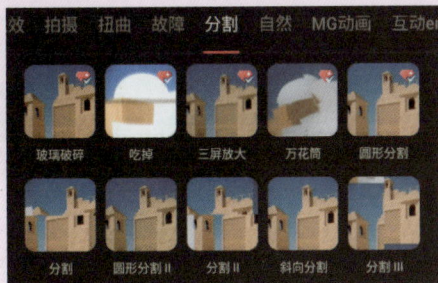

图3-20

图3-21

💡 **提示**

分割类的转场效果比较多，读者可以逐一尝试其他转场效果。

自然

自然类转场以雪、雾、燃烧等自然现象为切换方式，从而进行转场，如图3-22所示。以"白色烟雾"为例，添加该转场效果后，两段素材相接的部分会飘过一团白雾，从而进行转场，如图3-23所示。

扫码看教学视频

图3-22

图3-23

MG动画

MG动画类转场在片头、片尾这一类的画面转场中运用较多。在其他剪辑软件中，这类转场需要导入转场素材或单独制作，在剪映中则可以直接套用，如图3-24所示。MG动画类的转场效果比较有限，如果没有合适的转场效果，需要导入外部素材。

扫码看教学视频

图3-24

综艺

综艺类转场是在素材间呈现综艺感的转场类型，如图3-25所示。以"弹幕转场"为例，添加该转场效果后，在两段素材相接位置的画面中会飘过一堆弹幕遮盖素材，从而进行转场，如图3-26所示。

扫码看教学视频

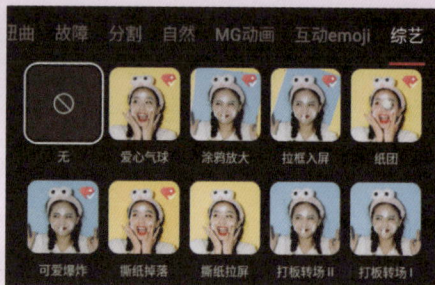

图3-25

图3-26

> 💡 **提示**
>
> 在剪辑一些综艺感强的Vlog时，综艺类转场能很好地烘托视频气氛。

剪映专业版转场效果

在剪映专业版中添加转场效果的操作方式略微有些不同。在"转场"界面中选中一个转场效果后，需要将其向下拖曳到两段素材相接的位置，然后松开鼠标，就能添加该转场效果，如图3-27所示。

扫码看教学视频

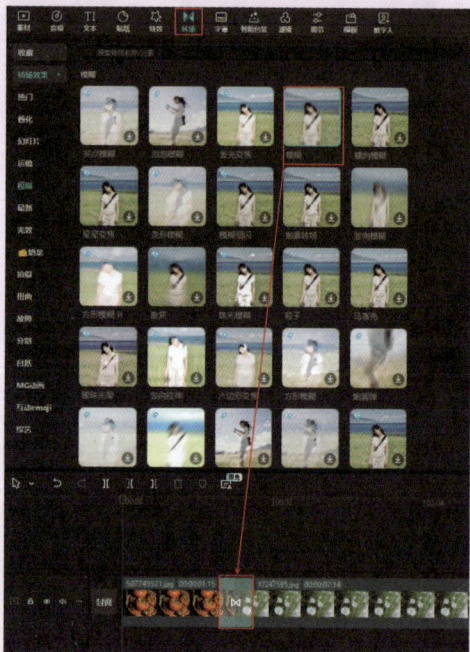

图3-27

如果想改变素材转场的时长，可以选中轨道上转场的白色图标，在右侧的界面中设置"时长"的数值，如图3-28和图3-29所示。

图3-28

图3-29

另一种改变素材转场的时长的方法则是向左或向右拖曳白色图标，改变白色图标的长度，灵活控制时长，如图3-30所示。

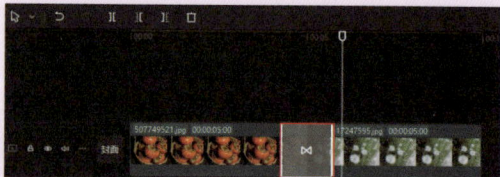

图3-30

任务实施

任务3.1 城市展示卡点转场

素材位置	素材文件 > 项目 3> 任务：城市展示卡点转场
视频名称	任务：城市展示卡点转场 .mp4
学习目标	掌握音乐卡点和分割类转场的添加方法

扫码看案例视频　　扫码看案例效果

☞ 任务简介

在项目2的任务中我们学习了如何根据音乐节奏进行卡点，在这个任务中我们进一步通过音乐节奏和转场特效两者相互配合，制作一个城市展示的短视频。转场特效选择分割类效果，更加贴合展示类主题。

☞ 任务要点

- ◇ 使用"添加音频"导入指定音频文件。
- ◇ 使用"分割"效果为两个素材添加转场效果并设置时长。
- ◇ 使用"斜向分割"效果为两个素材添加转场效果并设置时长。
- ◇ 使用"分割Ⅲ"效果为两个素材添加转场效果并设置时长。
- ◇ 使用"竖向分割"效果为两个素材添加转场效果并设置时长。

☞ 任务制作

01 打开剪映App，在"剪辑"界面点击"开始创作"按钮，导入学习资源"素材文件>项目3>任务：城市展示卡点转场"文件夹中的图片素材文件，如图3-31所示。

图3-31

02 点击图片轨道下方的"添加音频"，添加学习资源中的107999.wav文件，如图3-32所示。

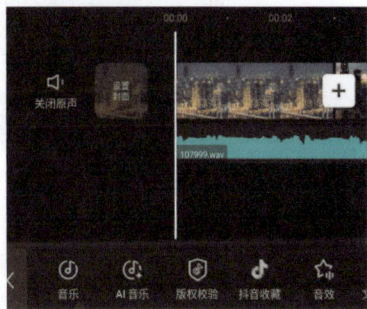

图3-32

03 选中添加的音频轨道，点击"节拍"并打开"自动踩点"功能，然后减慢节奏，如图3-33所示。

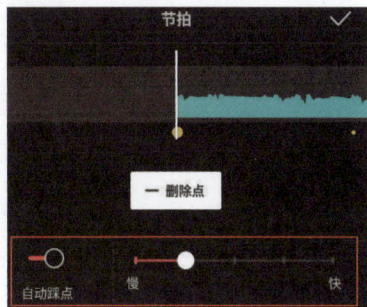

图3-33

04 调整图片轨道的长度，使其与节奏点相吻合，多余的音频轨道裁剪后删掉，如图3-34所示。

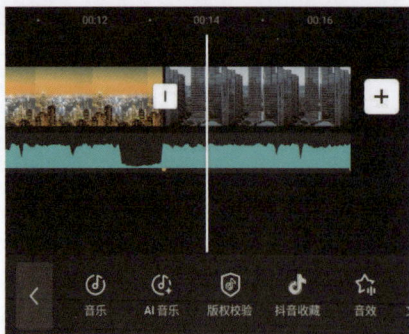

图3-34

05 点击图片轨道两个素材之间的白色按钮，在弹出的界面中选择"分割"里的"分割"效果，设置时长为1s，如图3-35和图3-36所示。

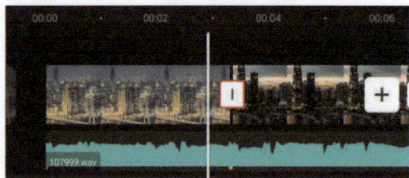

图3-35

图3-36

06 返回时间轴，滑动播放指示器，就可以观察到转场的效果，如图3-37所示。

图3-37

07 点击第2段素材和第3段素材之间的白色按钮，然后在弹出的界面中选择"斜向分割"效果，设置时长为1s，如图3-38所示，效果如图3-39所示。

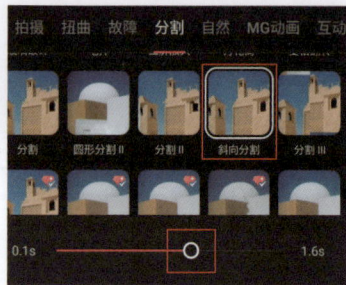

图3-38

图3-39

08 点击第3段素材和第4段素材之间的白色按钮，然后在弹出的界面中选择"分割Ⅲ"效果，设置时长为1s，如图3-40所示，效果如图3-41所示。

图3-40

图3-41

09 点击第4段素材和第5段素材之间的白色按钮I，然后在弹出的界面中选择"竖向分割"效果，设置时长为1s，如图3-42所示，效果如图3-43所示。

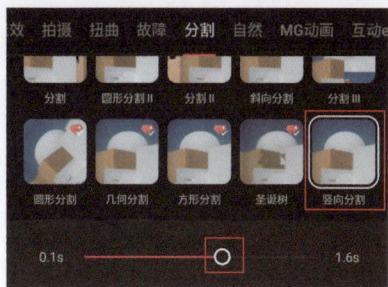

图3-42

图3-43

10 整体浏览视频，会发现图片不动的时候画面很死板。选中第1段素材，在"动画"的"入场动画"中选择"动感放大"效果，设置时长为1s，如图3-44所示。

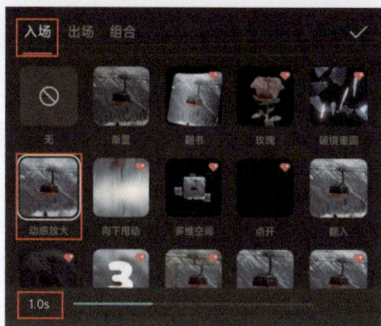

图3-44

11 按照步骤10的方法，为剩余4段素材也添加相同的动画效果。点击界面右上角的"导出"按钮，导出制作好的短视频，效果如图3-45所示。

图3-45

任务3.2	人像故障转场	
素材位置	素材文件 > 项目 3> 任务：人像故障转场	
视频名称	任务：人像故障转场 .mp4	
学习目标	掌握故障类转场的添加方法	

扫码看案例视频   扫码看案例效果

☞ **任务简介**

　　故障类转场是抖音等短视频平台常见的转场类型，在制作一些炫酷的场景时运用较多。

　　在这个任务中，需要在两段图片素材间添加故障类转场，同时配合具有节奏感的音乐，并添加一些动画丰富画面。

☞ **任务要点**

◇　使用"缩放"效果为素材添加动画。

◇ 使用"动感放大"效果为素材添加入场动画并设置时长。
◇ 使用"黑色块"效果为素材添加故障效果。

☞ 任务制作

01 打开剪映App，在"剪辑"界面点击"开始创作"按钮，导入学习资源"素材文件>项目3>任务：人像故障转场"文件夹中的图片素材文件，如图3-46所示。

图3-46

02 导入学习资源中的20006.wav音频文件作为背景音乐并裁剪多余的音频，如图3-47所示。

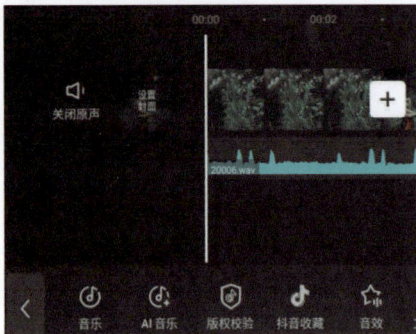

图3-47

03 选中视频轨道上的第1段素材，在"动画"的"组合"中选择"缩放"效果，并设置时长为3s，如图3-48所示。画面效果如图3-49所示。

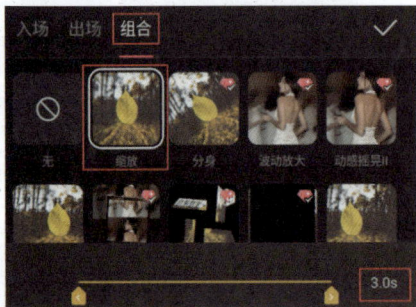

图3-48

图3-49

04 选中后一段素材，在"动画"的"入场"中选择"动感放大"效果，并将时长的滑块拖到最右侧，如图3-50所示。画面效果如图3-51所示。

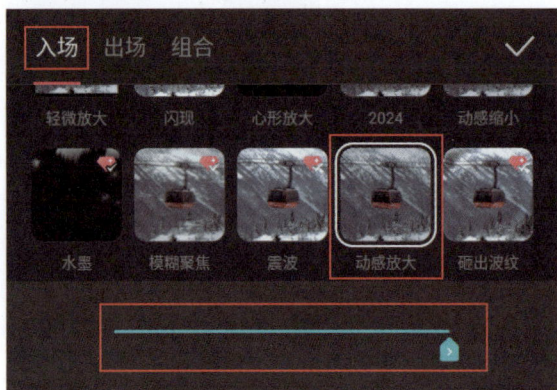

图3-50

图3-51

05 点击两段素材之间的白色按钮$\fbox{I}$，在弹出的界面中选择"故障"中的"黑色块"效果，然后设置时长为1.5s，如图3-52和图3-53所示。

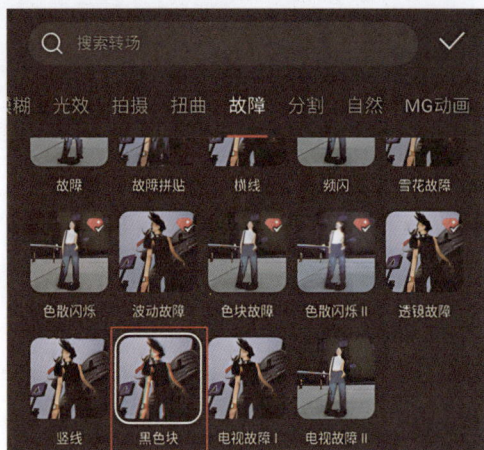

图3-52

图3-53

06 返回时间轴，滑动屏幕预览转场效果，如图3-54所示。

图3-54

07 点击界面右上角的"导出"按钮，导出制作好的短视频，效果如图3-55所示。

图3-55

任务3.3	无缝衔接转场	
素材位置	素材文件 > 项目 3> 任务：无缝衔接转场	
视频名称	任务：无缝衔接转场 .mp4	
学习目标	掌握衔接转场的添加方法	

扫码看案例视频

扫码看案例效果

☞ 任务简介

无缝衔接转场需要通过拍摄素材间的相似动作或者运镜方式进行转场连接。要制作这种转场，在前期拍摄时就要构思转场方式并加以拍摄，这样才能在后期剪辑时得到想要的效果。

在这个任务中，需要将两段旋转运镜拍摄的素材进行无缝转场，形成镜头旋转过程中就实现画面切换的效果。对于这种比较精细的剪辑，在剪映专业版中操作更加方便。

☞ 任务要点

◇ 说出裁剪轨道长度的方法。
◇ 使用"曲线变速"调整视频播放速度。
◇ 使用"'呼'的转场音效"为视频添加转场音效。

☞ 任务制作

01 打开剪映专业版，在"首页"界面单击"开始创作"按钮 ⊕ 开始创作，导入学习资源"素材文件>项目3>任务：无缝衔接转场"文件夹中的素材文件，如图3-56所示。

图3-56

02 将20230418_C5233.mp4素材拖曳到时间轴中，如图3-57所示。现有的素材太长，需要裁剪出可以与下一段素材拼接的内容。

图3-57

03 移动播放指示器，在3s的位置分割素材，然后在6s的位置分割素材，如图3-58所示。删除头尾两段素材，只保留中间的一段素材，如图3-59所示。最后一帧的画面效果如图3-60所示。

图3-58

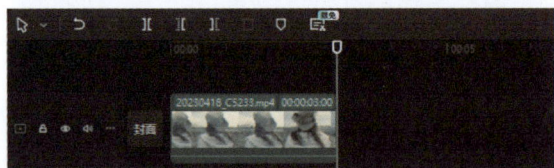

图3-59

图3-60

💡 提示

分割素材时，需要根据画面的内容确定保留的部分。

04 将20230418_C6233.mp4素材拖曳到时间轴中，接在上一段素材后面，如图3-61所示。

图3-61

05 移动播放指示器，在接近上一段素材人物角度的位置分割，如图3-62所示。画面效果如图3-63所示。

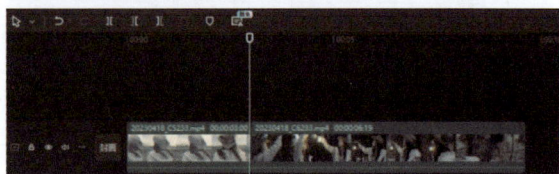

图3-62

图3-63

06 在两段素材连接位置滑动播放指示器，观察画面衔接的效果，适当将后一段素材再向后推几帧，效果如图3-64和图3-65所示。

这样就能使两段素材的人物角度基本一致。

图3-64

图3-65

07 滑动播放指示器，在7s的位置分割后一段素材，将剩余的部分删除，如图3-66所示。画面效果如图3-67所示。

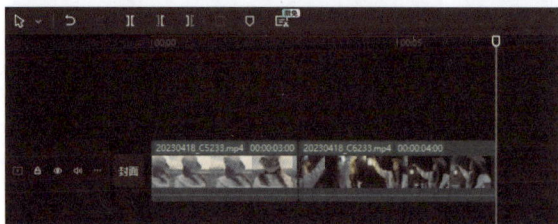

图3-66

图3-67

08 选中第1段素材，在"变速"的"曲线变速"中选择"自定义"类型，然后调整曲线的样式，如图3-68所示。

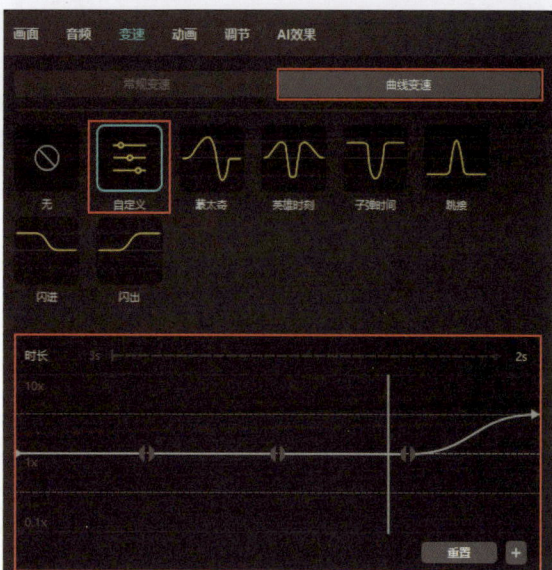

图3-68

💡 **提示**

曲线朝上走，代表播放速度变快；曲线朝下走，代表播放速度变慢。调整速度的同时，下方剪辑的长度也会灵活调整。

09 选中第2段素材，在"变速"的"曲线变速"中选择"自定义"类型，然后调整曲线的样式，如图3-69所示。

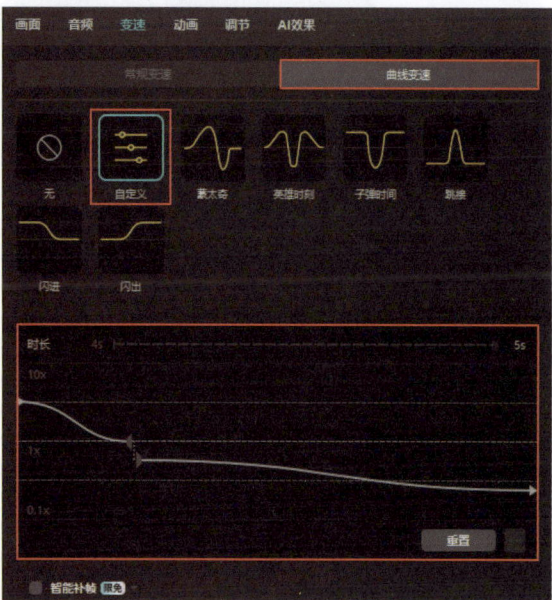

图3-69

10 选中音乐素材，将其拖曳到时间轴中，并裁剪多余的部分，如图3-70所示。

图3-70

11 在转场的位置还需要加一个音效。在"音频"的"音效素材"中找到"转场"类型，然后选中"'呼'的转场音效"，将其拖曳到时间轴中，并将音频声音最大的位置对准两段素材相接处，如图3-71和图3-72所示。

图3-72

12 预览视频无误后，单击"导出"按钮 ⬆导出 导出视频，效果如图3-73所示。

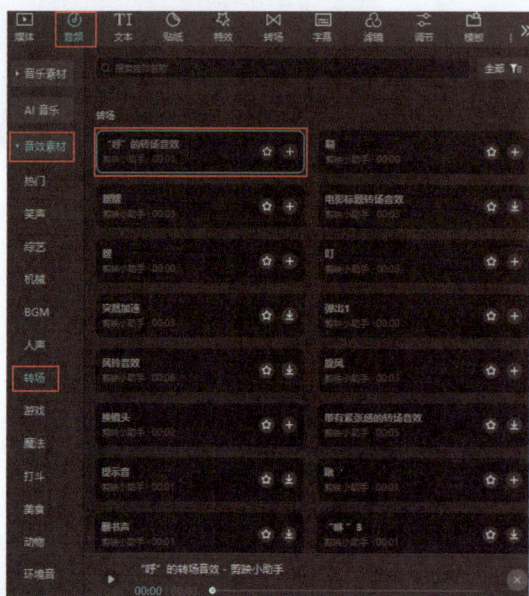

图3-71

图3-73

任务3.4 水墨素材转场

素材位置	素材文件 > 项目 3> 任务：水墨素材转场
视频名称	任务：水墨素材转场 .mp4
学习目标	掌握水墨转场的添加方法

扫码看案例视频

扫码看案例效果

☞ 任务简介

运用一些转场的素材，通过"画中画"功能，就可以实现多样化的转场效果。

在这个任务中，需要在剪映App中运用水墨转场的素材作为"画中画"，从而实现两个古风场景的转场效果。

☞ 任务要点

◇ 使用"画中画"添加素材。
◇ 使用"混合模式"为素材添加"滤色"效果。
◇ 使用"导出"按钮导出视频。

☞ 任务制作

01 打开剪映App，在"剪辑"界面点击"开始创作"按钮，导入学习资源"素材文件>项目3>任务：水墨素材转场"文件夹中的两个视频素材文件，如图3-74所示。

图3-74

02 将两个素材视频进行裁剪，只保留总共9s的时长，如图3-75所示。

图3-75

03 在素材相接的位置，点击下方工具栏中的"画中画"，导入"水墨.mp4"素材文件，如图3-76和图3-77所示。

图3-76

图3-77

04 选中画中画轨道，点击"混合模式"，选择"滤色"效果，如图3-78和图3-79所示。

图3-78

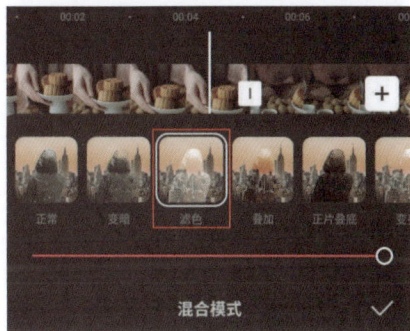

图3-79

05 视频素材略小于画面，需要滑动屏幕将其放大，如图3-80所示。

图3-80

06 删除多余的画中画轨道，然后返回时间轴，添加学习资源中的音乐素材，如图3-81所示。

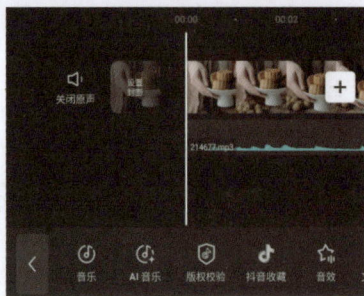

图3-81

07 裁剪并删除多余的音频轨道，使其长度与视频轨道的相同，如图3-82所示。

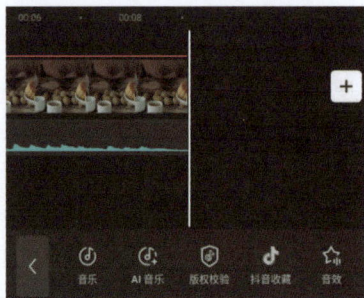

图3-82

08 预览视频无误后，点击"导出"按钮导出视频到手机相册中，效果如图3-83所示。

图3-83

项目总结与评价

☞ 项目总结

☞ 项目评价

评价内容	评价标准	分值	学生自评	小组评定
常见的转场类型	能够说出几种常见的转场类型	10		
	能够说出添加转场效果的方法	5		
剪映专业版转场效果	能够说出添加剪映专业版转场效果的方法	10		
任务实施	能够使用"添加音频"导入指定音频文件	5		
	能够使用"分割"效果为两个素材添加转场效果并设置时长	5		
	能够使用"斜向分割"效果为两个素材添加转场效果并设置时长	5		

评价内容	评价标准	分值	学生自评	小组评定
任务实施	能够使用"分割Ⅲ"效果为两个素材添加转场效果并设置时长	5		
	能够使用"竖向分割"效果为两个素材添加转场效果并设置时长	5		
	能够使用"缩放"效果为素材添加动画	5		
	能够使用"动感放大"效果为素材添加入场动画并设置时长	5		
	能够使用"黑色块"效果为素材添加故障效果	5		
	能够说出裁剪轨道长度的方法	5		
	能够使用"曲线变速"调整视频播放速度	10		
	能够使用"'呼'的转场音效"为视频添加转场音效	5		
	能够使用"画中画"添加素材	5		
	能够使用"混合模式"为素材添加"滤色"效果	5		
	能够使用"导出"按钮导出视频	5		
总计		**100**		

拓展训练

转场在剪映中的应用较为灵活,下面通过3个拓展训练,复习转场的使用方法。请读者根据要求和提示制作视频。

拓展训练1: 宠物MG动画转场

MG动画类转场会让画面更加有趣。在这个案例中,运用"蓝色线条"将两张宠物图片进行转场。

扫码看案例视频　扫码看案例效果

☞ 习题要求

- 视频主题: 宠物MG动画转场
- 视频分辨率: 1080P
- 制作端: 剪映App
- 视频时长: 6s左右
- 视频要求: 添加MG动画类转场效果
- 视频版式: 横屏

☞ 步骤提示

① 打开剪映App,导入图片素材。

② 打开转场界面,在"MG动画"中选择"蓝色线条",转场时长为1s。

③ 选中两个图片素材,在"动画"的"入场"中添加"缩小"效果,时长设置为2s。

④ 预览整个制作文件无误后导出文件,格式为MP4。

拓展训练2：人像运镜转场

运镜类转场会让视频更加精致，其在短视频平台中也较为常见。在这个案例中，运用"抖动"将两张人像图片进行转场。

☞ 习题要求

- ◇ 视频主题：人像运镜转场
- ◇ 视频分辨率：1080P
- ◇ 制作端：剪映App
- ◇ 视频时长：2s左右
- ◇ 视频要求：添加运镜类转场效果
- ◇ 视频版式：横屏

☞ 步骤提示

① 打开剪映App，导入人像图片素材。
② 打开转场界面，在"运镜"中选择"抖动"，转场时长为0.4s。
③ 缩短图片素材的长度都为1s。
④ 预览整个制作文件无误后导出文件，格式为MP4。

拓展训练3：节庆叠化转场

叠化是很常见的转场类型。在这个案例中，运用"叠化"将两张节庆图片进行转场。

☞ 习题要求

- ◇ 视频主题：节庆叠化转场
- ◇ 视频分辨率：1080P
- ◇ 制作端：剪映App
- ◇ 视频时长：2s左右
- ◇ 视频要求：添加叠化类转场效果
- ◇ 视频版式：横屏

☞ 步骤提示

① 打开剪映App，导入节庆图片素材。
② 打开转场界面，在"叠化"中选择"叠化"，转场时长为0.5s。
③ 缩短图片素材的长度都为1s。
④ 预览整个制作文件无误后导出文件，格式为MP4。

剪映

剪映特效创作
主题制作

项目介绍

情境描述

剪映的特效功能是其强大剪辑能力的重要组成部分，这是视频创作者丰富作品的前提条件，特别是其中的画面特效和人物特效为视频增添了无限创意和制作可能性。

画面特效作用于整个视频画面，能够营造出丰富的视觉效果。例如，溶解类特效，可以让两个片段过渡得更自然。此外，还有闪白闪黑、光晕、水光影等多种画面特效可供选择。

人物特效则专注于视频中的人物，只作用于画面中的人物区域。例如，一些特效可以实现人物的漫画风格转换，或为其添加荧光线描效果。需要注意，人物特效的实现有时需要人物的位置合适，否则可能无法实现预期的效果。

本任务首先要解读画面特效添加及编辑方式，明确制作要求、工作时间和交付要求等信息。然后对原始音视频素材进行整理、筛选并排序，搜集、分析同类视频画面特效添加范例，制定画面特效添加及编辑方案，梳理流程和要点，选定画面特效添加及编辑策略。最后将制作完成的视频定稿按照指定的文件格式输出，与工程文件一起存档并交付。

任务要求

剪映提供了丰富的视频特效，包括鱼眼、聚光灯、色差等基础特效，以及动感、复古、爱心、漫画、自然、分屏等流行特效。这些特效可以一键渲染，为视频营造出炫酷的效果。读者根据要求完成以下任务。

任务1：高级滤镜风照片展示。

任务2：丝滑慢动作展示。

任务3：人像心形特效。

根据任务的情境描述，在规定时间内完成画面特效添加及编辑任务。

① 根据任务要求，高效、准确地处理素材，分析、筛查同类案例，制定画面特效添加及编辑方案。

② 制作简要脚本，确定特效风格类型、表现形式、配色方案等策略，要求主题突出、立意正确。

③ 视频分辨率为1080P，格式为MP4。

④ 根据工作时间和交付要求，整理、输出并提交符合客户要求的文件。

学习与技能目标

◇ 能够说出常见的画面特效类型。
◇ 能够说出常见的人物特效类型。
◇ 能够使用"动画"中的"组合"选项添加"抖入放大"效果。
◇ 能够使用"光效"添加"泛光"转场效果并设置时长。
◇ 能够使用"动画"中的"入场"选项添加"上下抖动"效果并设置时长。
◇ 能够使用"特效"按钮添加"粒子模糊"效果。

◇ 能够使用"特效"按钮添加"人鱼滤镜"效果。

◇ 能够使用"特效"按钮添加"蹦迪光"效果。

◇ 能够使用"特效"按钮添加"波纹色差"效果。

◇ 能够使用"特效"按钮添加"星火"效果。

◇ 能够使用"特效"按钮添加"烟雾"效果。

◇ 能够使用"变速"中的"常规变速"设置视频播放速度。

◇ 能够使用"智能补帧"解决视频卡顿问题。

◇ 能够使用"缩放"选项调整画面大小。

◇ 能够使用"滤镜"按钮添加"德古拉"滤镜。

◇ 能够使用"动画"中的"入场"选项添加"动感放大"效果。

◇ 能够使用"画面特效"中的"边框"选项添加"录制边框Ⅲ"效果。

◇ 能够使用"人物特效"中的"情绪"选项添加"心动"效果。

◇ 能够使用"分割"按钮裁剪视频。

◇ 能够使用"导出"按钮导出视频。

项目知识链接

丰富、炫酷的画面特效，能够为普通的画面素材提供模糊、闪光、分屏、自然环境等视觉效果。丰富多样的视觉效果能提高观看者对视频的关注度，使视频更具有吸引力。

剪映的特效分为两大类，一类是画面特效，另一类是人物特效。在选中需要添加特效的轨道后，点击下方工具栏中的"特效"按钮，就会弹出"特效"工具栏，如图4-1和图4-2所示。

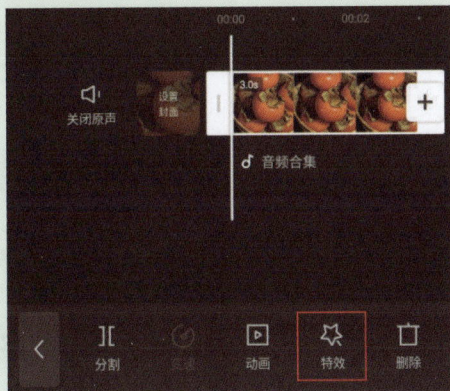
图4-1

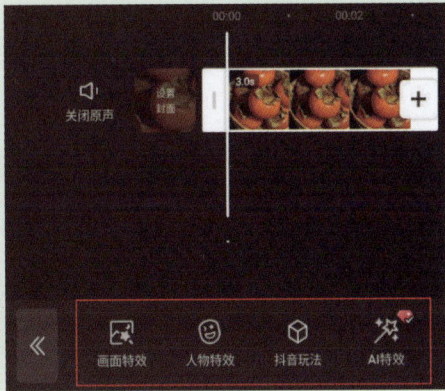
图4-2

点击"画面特效"，在弹出的界面中可以选择多种类型的特效。

基础

基础类特效能实现模糊、轻微放大和开幕等较为简单的画面效果，如图4-3所示。例如，添加"开幕"效果后，轨道会出现由中间到上下两边逐渐显示的动画效果，如图4-4所示。

扫码看教学视频

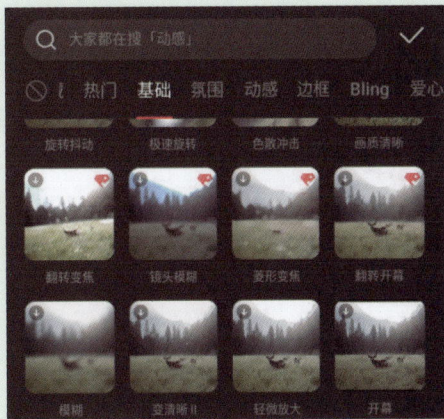
图4-3

图4-4

氛围

氛围类特效会在画面上添加一些羽毛、花朵等装饰物，丰富画面内容，如图4-5所示。以"心河"为例，添加该特效后，画面上会出现如同河水流动的效果，如图4-6所示。

扫码看教学视频

图4-5

图4-6

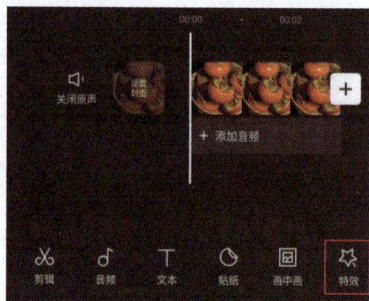

图4-7

图4-8

图4-9

动感

动感类特效类似于不同的运镜效果或者光效，具有很强的律动感；如图4-10所示。以"抖动"为例，添加该特效后，素材会呈现有节奏的放大和缩小，同时变得模糊，如图4-11所示。

扫码看教学视频

图4-10

图4-11

边框

边框类特效会在素材周边形成不同形式的边框，如图4-12所示。以"动感荧光"为例，添加该特效后，会在素材的边缘形成红蓝两色运动的发光线条，如图4-13所示。

扫码看教学视频

图4-12

图4-13

💡 **提示**

在边框类型中，除了在画面周围加入动态边框外，还会根据边框的外形裁剪画面，读者可以逐一尝试其他边框效果。

Bling

Bling类特效会在画面上添加不同的闪光效果，如图4-14所示。以"星夜"为例，添加该特效后，画面上会出现细小的闪光，如同黑夜中发光的星星，如图4-15所示。

扫码看教学视频

图4-14

图4-15

💡 **提示**

Bling类特效使用率较高，读者可逐一尝试各种特效。

爱心

爱心类特效会在画面上形成不同效果的爱心动画，如图4-16所示。以"爱心气泡"为例，添加该特效后，会在画面上形成喷射状的彩色爱心动画，如图4-17所示。

扫码看教学视频

图4-16

图4-17

金粉

金粉类特效是影视后期常见的粒子特效，会在画面上形成各种粒子动画，如图4-18所示。以"金粉Ⅱ"为例，添加该特效后，会在画面上形成从上到下飘动的金色粒子，如图4-19所示。

扫码看教学视频

图4-18

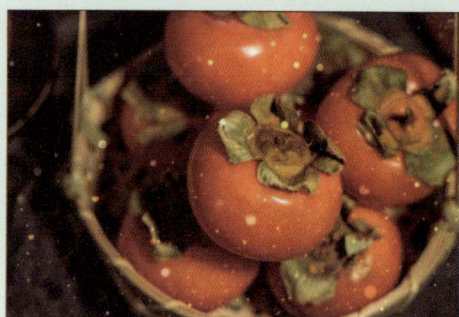

图4-19

> 💡 **提示**
>
> 相较于在After Effects中专门用粒子插件制作粒子，在剪映中可以一键添加粒子特效。

自然

自然类特效会在画面上形成下雨、烟雾和下雪等自然效果，如图4-20所示。以"烟雾"为例，添加该特效后，会在画面上生成动态烟雾，如图4-21所示。

扫码看教学视频

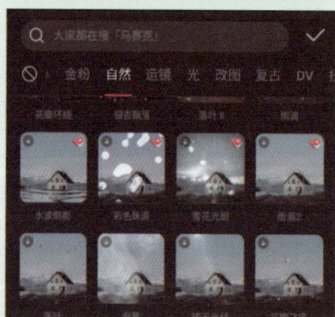

图4-20

图4-21

运镜

运镜类特效会产生镜头改变的效果，在一些短视频中很常见，如图4-22所示。以"3D照片"为例，添加该特效后，画面会形成动态的3D效果，如图4-23所示。

图4-22

图4-23

光

光类特效会在画面上形成不同的光线效果，如图4-24所示。以"边缘发光"为例，添加该特效后，画面的物体边缘会呈现高光效果，如图4-25所示。

扫码看教学视频

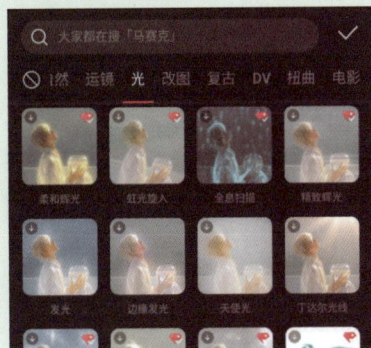

图4-24

图4-25

复古

复古类特效会呈现一些噪点、划痕、闪烁等老的胶片电影呈现的效果，如图4-26所示。以"荧幕噪点Ⅱ"为例，添加该特效后，画面上会出现动态的噪点，如图4-27所示。

扫码看教学视频

图4-26

图4-27

扭曲

扭曲类特效会使画面产生不同形式的扭曲或摆动效果，如图4-28所示。以"盗梦空间"为例，添加该特效后，画面会呈现S形扭曲效果，如图4-29所示。

扫码看教学视频

图4-28

图4-29

电影

电影类特效会使画面产生不同形式的电影色调或画幅，如图4-30所示。以"黑森林"为例，添加该特效后，画面会呈现低饱和度暗色效果，如图4-31所示。

扫码看教学视频

图4-30

图4-31

综艺

综艺类特效会在画面上添加一些卡通动画效果，增加画面综艺感，如图4-32所示。以"裂开了"为例，添加该特效后，画面会呈现分裂的动画效果，特别适合表达视频中所展现的事物的破碎感或无力感，如图4-33所示。

扫码看教学视频

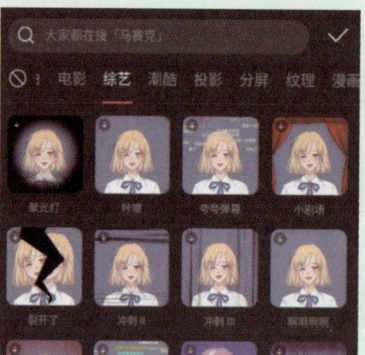

图4-32

图4-33

潮酷

潮酷类特效会生成一些独特的动画效果，在短视频中出镜率较高，如图4-34所示。以"花屏故障"为例，添加该特效后，画面会呈现花屏错乱的效果，如图4-35所示。

扫码看教学视频

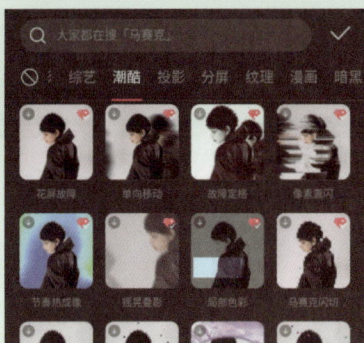

图4-34

图4-35

分屏

分屏类特效会将画面进行分割或形成多个重复画面，如图4-36所示。以"黑白三格"为例，添加该特效后，画面会分成横向三格，部分格子呈现黑白色调，如图4-37所示。

扫码看教学视频

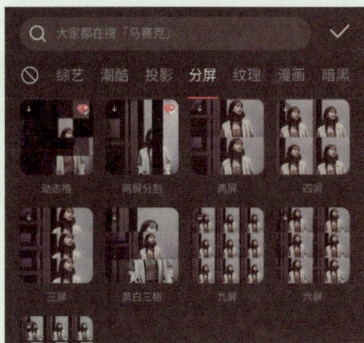

图4-36

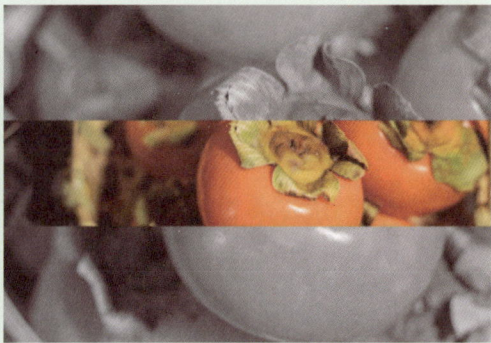

图4-37

人物特效对于清晰的人像照片或视频效果更加明显。点击"人物特效"后会出现多种类型的特效。

情绪

情绪类特效会为人像添加生气、可爱、脸红等情绪效果，如图4-38所示。以"心动"为例，添加该特效后，在人像的周围会出现粉红色的心形动画，如图4-39所示。

扫码看教学视频

图4-38

图4-39

身体

身体类特效会为人像添加拖影、闪光等画面效果，如图4-40所示。以"背景拖影"为例，添加该特效后，在人像背后的画面会呈现横向模糊效果，如图4-41所示。

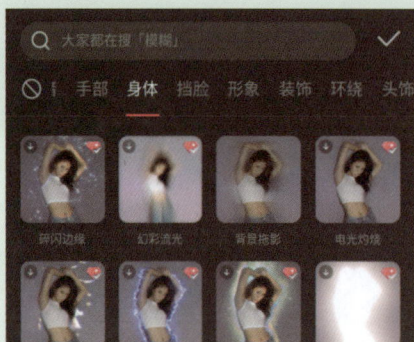

图4-40

图4-41

形象

当不想在画面中露出脸时，可以在形象类特效中选一种效果替代原本脸部，如图4-42所示。以"可爱女生"为例，添加该特效后，原本脸部被替换为可爱女生的卡通形象，如图4-43所示。

图4-42

图4-43

头饰

头饰类特效会在人像的脸部或头顶生成装饰物，如图4-44所示。以"未来眼镜"为例，添加该特效后，在人像面部会生成眼镜图案，如图4-45所示。

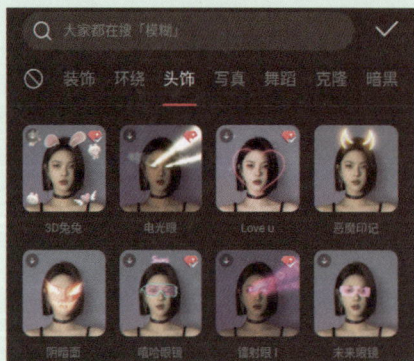

图4-44

图4-45

克隆

克隆类特效会将人像生成不同的分身效果，如图4-46所示。以"碎片分身"为例，添加该特效后，在人像的周围会生成黑色的碎片，如图4-47所示。

扫码看教学视频

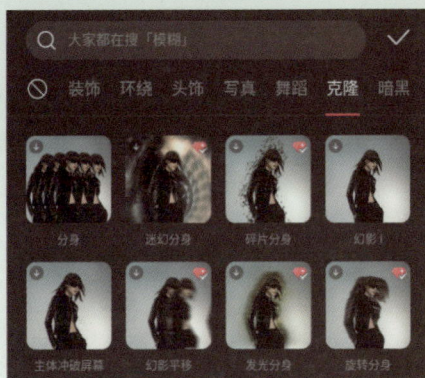

图4-46

图4-47

任务实施

任务4.1 高级滤镜风照片展示

素材位置	素材文件 > 项目 4> 任务：高级滤镜风照片展示
视频名称	任务：高级滤镜风照片展示 .mp4
学习目标	掌握照片展示视频的制作方法

扫码看案例视频

扫码看案例效果

☞ 任务简介

　　高级滤镜风是一种复合型滤镜，需要多种滤镜叠加在一起。叠加的滤镜没有固定类型，其作用是让一张照片产生多种氛围的变化，从而让视频画面更加丰富，也能更吸引观看者观看。在展示个人照片时，这种高级滤镜风在抖音等短视频平台中比较常见。

　　在这个任务中，需要使用"粒子模糊""人鱼滤镜""蹦迪光""波纹色差""星火""烟雾"等效果，以及其他动画和转场效果来丰富画面。

☞ 任务要点

◇ 使用"动画"中的"组合"选项添加"抖入放大"效果。
◇ 使用"光效"添加"泛光"转场效果并设置时长。
◇ 使用"动画"中的"入场"选项添加"上下抖动"效果并设置时长。
◇ 使用"特效"按钮添加"粒子模糊"效果。
◇ 使用"特效"按钮添加"人鱼滤镜"效果。
◇ 使用"特效"按钮添加"蹦迪光"效果。
◇ 使用"特效"按钮添加"波纹色差"效果。
◇ 使用"特效"按钮添加"星火"效果。
◇ 使用"特效"按钮添加"烟雾"效果。

☞ 任务制作

01 打开剪映App，在"剪辑"界面点击"开始创作"按钮，导入学习资源"素材文件>项目4>任务：高级滤镜风照片展示"文件夹中的图片素材文件，如图4-48所示。

图4-48

02 点击图片轨道下方的"添加音频"，添加学习资源中的129239.wav文件，如图4-49所示。

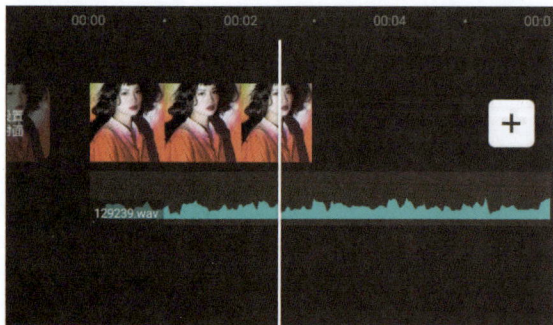

图4-49

03 选中添加的音频轨道，点击"节拍"并打开"自动踩点"功能，然后调整节奏点的间隙，如图4-50所示。

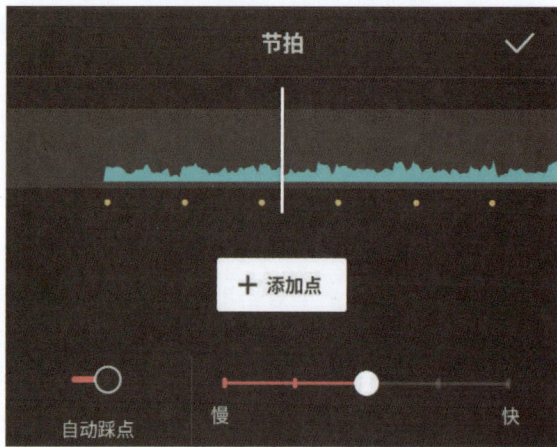

图4-50

04 调整图片轨道的长度，使其与节奏点相吻合，如图4-51所示。

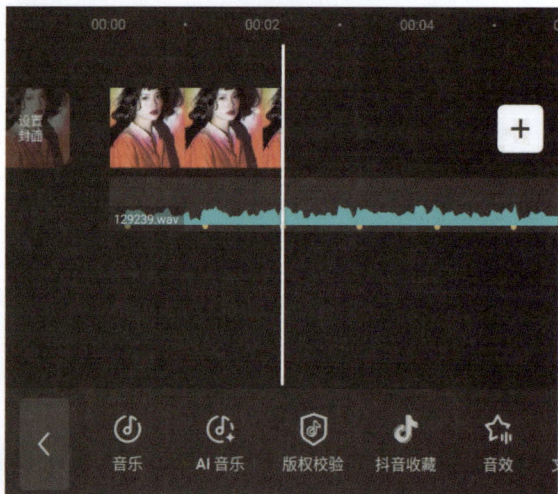

图4-51

05 将图片素材复制一份，然后延长复制的图片素材到5s位置，删掉多余的音频，如图4-52所示。

图4-52

06 选中前一段图片素材，在"动画"的"组合"中选择"抖入放大"，如图4-53所示。画面效果如图4-54所示。

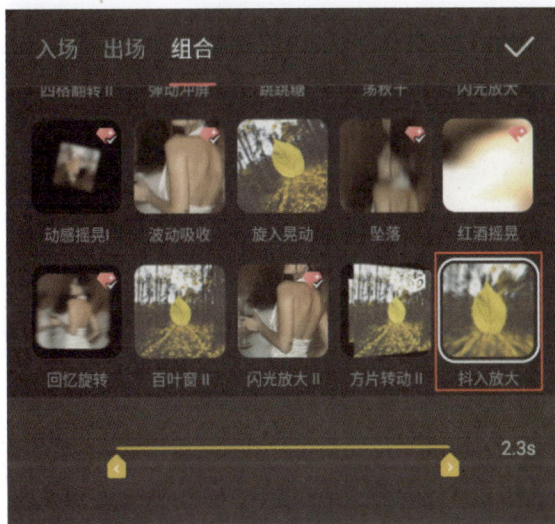

图4-53

图4-54

07 点击两段素材之间的白色按钮，在弹出的界面中选择"光效"中的"泛光"转场效果，设置时长为0.7s，如图4-55所示，效果如图4-56所示。

图4-55

图4-56

08 选中后一段图片素材，在"动画"的"入场"中选择"上下抖动"，设置时长为1.2s，如图4-57所示，效果如图4-58所示。

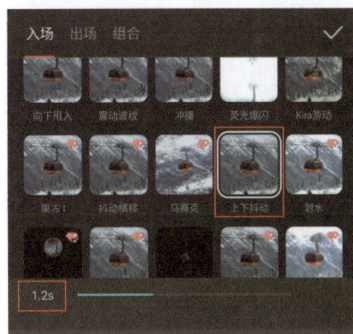

图4-57

图4-58

09 返回时间轴，在前一段图片素材起始位置点击"特效"，搜索并添加"粒子模糊"效果，然后在时间轴中调整"粒子模糊"轨道的长度，如图4-59和图4-60所示。画面效果如图4-61所示。

图4-59

图4-60

图4-61

10 在"粒子模糊"轨道末尾位置点击"特效"，搜索并添加"人鱼滤镜"效果，如图4-62和图4-63所示。画面效果如图4-64所示。

图4-62

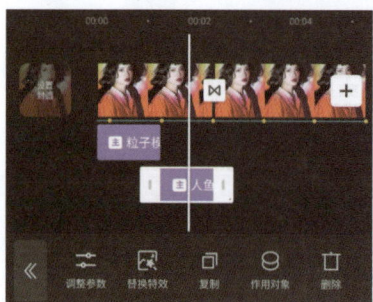

图4-63

图4-64

11 在"粒子模糊"轨道起始位置点击"特效"，搜索并添加"蹦迪光"效果，如图4-65和图4-66所示。画面效果如图4-67所示。

图4-65

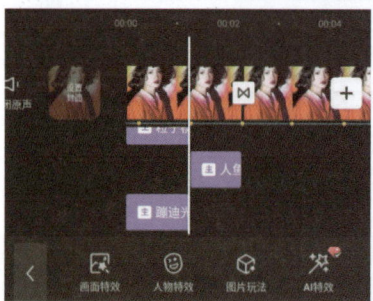

图4-66

图4-67

12 将"粒子模糊"和"人鱼滤镜"两个效果的轨道延长到后一段图片素材的末尾，使其完全作用于后一段图片画面，如图4-68所示。

图4-68

13 在后一段图片素材下方继续添加"波纹色差"效果，如图4-69所示。画面效果如图4-70所示。

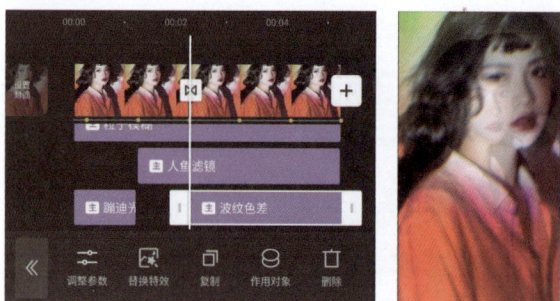

图4-69

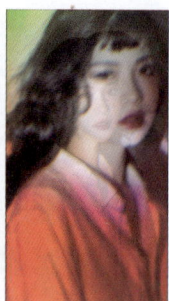

图4-70

14 在后一段图片素材下方继续添加"星火"效果，如图4-71所示。画面效果如图4-72所示。

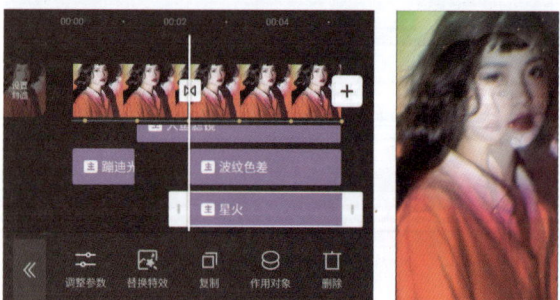

图4-71

图4-72

15 在后一段图片素材下方继续添加"烟雾"效果，如图4-73所示。画面效果如图4-74所示。

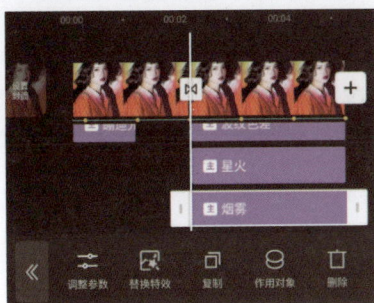

图4-73

图4-74

图4-75

16 点击界面右上角的"导出"按钮  ，导出制作好的短视频，效果如图4-75所示。

任务4.2	丝滑慢动作展示	
素材位置	素材文件 > 项目 4> 任务：丝滑慢动作展示	
视频名称	任务：丝滑慢动作展示 .mp4	
学习目标	掌握慢动作视频的制作方法	

扫码看案例视频　　　扫码看案例效果

任务简介

短视频中常见的慢动作展示，用来表现视频的重点，通过快慢节奏的转换增强视频的可看性，特别是在人像展示的视频中很常见。

在这个任务中，需要在一段走路的视频中通过"变速"功能改变素材的播放速度，同时配合具有节奏感的音乐和特效，并添加一些动画丰富画面。

任务要点

◇ 使用"变速"中的"常规变速"设置视频播放速度。
◇ 使用"智能补帧"解决视频卡顿问题。
◇ 使用"缩放"选项调整画面大小。
◇ 使用"滤镜"按钮添加"德古拉"滤镜。
◇ 使用"动画"中的"入场"选项添加"动感放大"效果。

任务制作

01 打开剪映App，在"剪辑"界面点击"开始创作"按钮，导入学习资源"素材文件>项目4>任务：丝滑慢动作展示"文件夹中的视频素材文件，如图4-76所示。

图4-76

02 导入学习资源中的16958.wav音频文件作为背景音乐，如图4-77所示。

03 播放画面，发现视频素材中人物走路的速度有点慢。选中视频轨道，在"变速"的"常规变速"中设置播放速度为1.5x，如图4-78所示。

04 根据音乐节奏，在大概2s的位置将视频轨道的素材分割为两部分，如图4-79所示。

图4-77

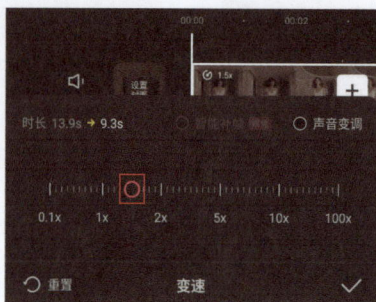

图4-78

图4-79

05 选中后一段素材，在"变速"中设置"常规变速"为0.4x，并勾选"智能补帧"选项，如图4-80所示。

💡 **提示**

　　勾选"智能补帧"选项后，慢放的视频会更加流畅，不会出现卡顿问题。

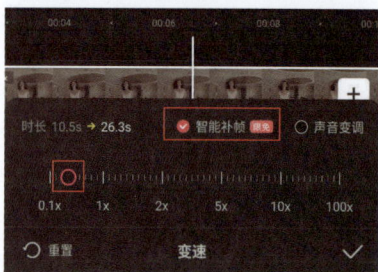

图4-80

06 在6s的位置裁剪素材，并删掉多余的部分，如图4-81所示。

07 选中后一段视频素材，在"基础属性"中设置"缩放"为140%，如图4-82所示。画面效果如图4-83所示。

图4-81

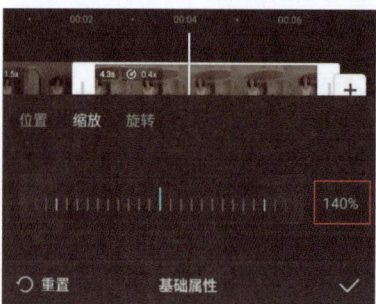

图4-82

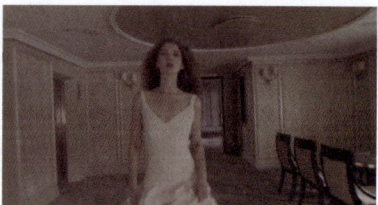

图4-83

08 在前一段视频素材下方添加"粒子模糊"效果，如图4-84所示。

09 在整段视频轨道下方添加"波纹色差"效果，如图4-85所示。

10 点击下方工具栏中的"滤镜"，搜索并添加"德古拉"滤镜，如图4-86所示。

图4-84　　　　　　　　　　图4-85　　　　　　　　　　图4-86

11 将"德古拉"滤镜的轨道长度调整为与后一段视频素材的长度相同，如图4-87所示。

12 选中后一段视频素材，在"动画"的"入场"中选择"动感放大"，设置时长为1s，如图4-88所示。

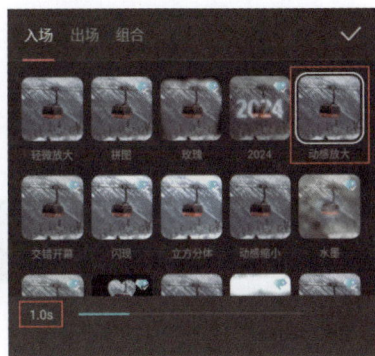

💡 **提示** ----------

这一步更好的处理方式是在剪映专业版中运用缩放的关键帧，能形成更加丝滑的动画效果。

图4-87　　　　　　　　　　图4-88

13 点击界面右上角的"导出"按钮 导出 ，导出制作好的短视频，效果如图4-89所示。

图4-89

任务4.3 人像心形特效

素材位置	素材文件 > 项目4> 任务：人像心形特效
视频名称	任务：人像心形特效 .mp4
学习目标	掌握人像视频的制作方法

扫码看案例视频　　扫码看案例效果

☞ 任务简介

对于日常自拍类视频，在人像周围添加一些特效，能丰富自拍画面，增加趣味性，同时也能吸引观看者观看。

在这个任务中，需要在一段人像素材中添加拍摄的摄影框图案，并配上心形特效。这个任务相对简单，在剪映App中就可以完成。

☞ 任务要点

- ◇ 使用"画面特效"中的"边框"选项添加"录制边框Ⅲ"效果。
- ◇ 使用"人物特效"中的"情绪"选项添加"心动"效果。
- ◇ 使用"分割"按钮裁剪视频。
- ◇ 使用"导出"按钮导出视频。

☞ 任务制作

01 打开剪映App，在"剪辑"界面点击"开始创作"按钮，导入学习资源"素材文件>项目4>任务：人像心形特效"文件夹中的素材文件，如图4-90所示。

图4-90

02 点击"特效"，在"画面特效"的"边框"中选择"录制边框Ⅲ"，如图4-91所示。画面效果如图4-92所示。

图4-91

图4-92

03 在"人物特效"的"情绪"中选择"心动",就会在人像的周围产生心形动画,如图4-93和图4-94所示。

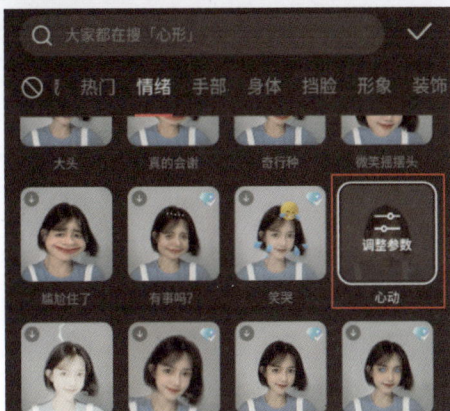

图4-93

图4-94

04 将两个特效轨道长度都延长到和视频轨道相同的长度,如图4-95所示。

05 导入学习资源中的16800.wav音频文件作为背景音乐,如图4-96所示。

06 分割多余的音频轨道并将其删除,如图4-97所示。

图4-95

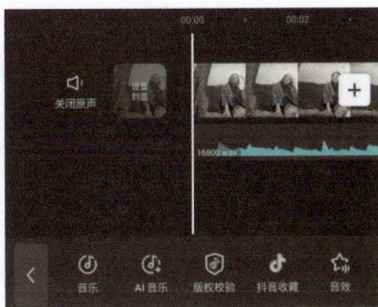

图4-96

图4-97

07 预览视频无误后,点击"导出"按钮 导出 导出视频,效果如图4-98所示。

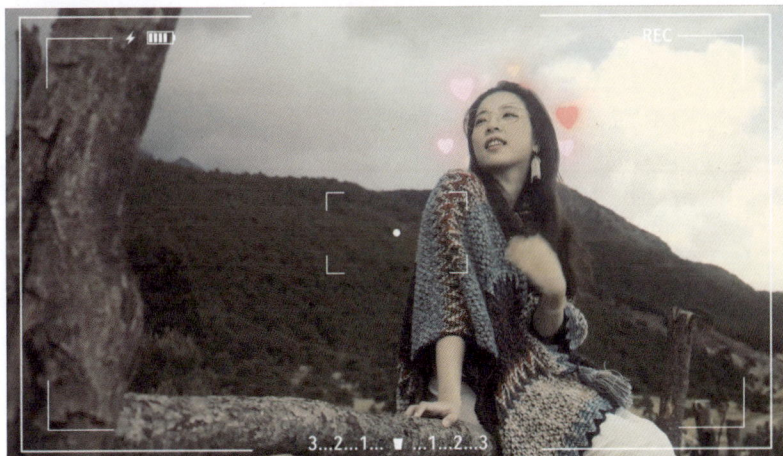

图4-98

项目总结与评价

项目总结

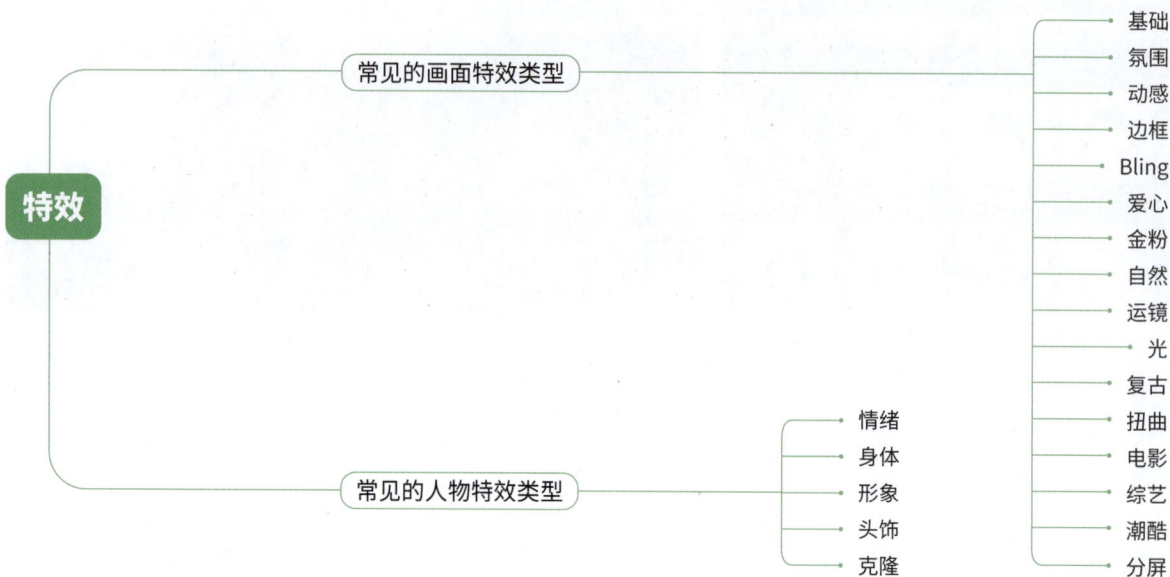

项目评价

评价内容	评价标准	分值	学生自评	小组评定
常见的画面特效类型	能够说出常见的画面特效类型	5		
常见的人物特效类型	能够说出常见的人物特效类型	5		
任务实施	能够使用"动画"中的"组合"选项添加"抖入放大"效果	5		
	能够使用"光效"添加"泛光"转场效果并设置时长	5		
	能够使用"动画"中的"入场"选项添加"上下抖动"效果并设置时长	5		
	能够使用"特效"按钮添加"粒子模糊"效果	5		
	能够使用"特效"按钮添加"人鱼滤镜"效果	5		
	能够使用"特效"按钮添加"蹦迪光"效果	5		
	能够使用"特效"按钮添加"波纹色差"效果	5		
	能够使用"特效"按钮添加"星火"效果	5		
	能够使用"特效"按钮添加"烟雾"效果	5		
	能够使用"变速"中的"常规变速"设置视频播放速度	5		

评价内容	评价标准	分值	学生自评	小组评定
任务实施	能够使用"智能补帧"解决视频卡顿问题	5		
	能够使用"缩放"选项调整画面大小	5		
	能够使用"滤镜"按钮添加"德古拉"滤镜	5		
	能够使用"动画"中的"入场"选项添加"动感放大"效果	5		
	能够使用"画面特效"中的"边框"选项添加"录制边框Ⅲ"效果	5		
	能够使用"人物特效"中的"情绪"选项添加"心动"效果	5		
	能够使用"分割"按钮裁剪视频	5		
	能够使用"导出"按钮导出视频	5		
总计		**100**		

拓展训练

特效在剪映中的应用较为灵活，下面通过两个拓展训练，复习特效的使用方法。请读者根据要求和提示制作视频。

拓展训练1：可爱风滤镜

在人像照片上添加一些有趣的特效或贴纸，营造出可爱的感觉。

扫码看案例视频   扫码看案例效果

☞ 习题要求

◇ 视频主题：可爱风滤镜
◇ 视频分辨率：1080P
◇ 制作端：剪映App
◇ 视频时长：3s左右
◇ 视频要求：在人像照片上添加可爱型人物滤镜和贴纸
◇ 视频版式：竖屏

☞ 步骤提示

① 打开剪映App，导入图片素材。

② 打开"人物特效"的"头饰"界面，选择"3D兔兔"特效。

③ 在"贴纸"中选择一款可爱的兔子贴纸。

④ 预览整个制作文件无误后导出文件，格式为MP4。

拓展训练2：画面分割特效

分屏类特效通过将画面分割成多个区域，实现分屏展示或动态切换效果，以增强视觉表现力。

扫码看案例视频　　扫码看案例效果

☞ 习题要求

◇ 视频主题：画面分割特效

◇ 视频分辨率：1080P

◇ 制作端：剪映App

◇ 视频时长：3s左右

◇ 视频要求：添加分割特效、光效转场和入场动画

◇ 视频版式：竖屏

☞ 步骤提示

① 打开剪映App，导入人像图片素材。

② 在1s位置分割图片轨道。为第1段图片素材添加"向下甩入"入场动画。

③ 为第2段图片素材添加"动感放大"入场动画，然后添加"黑白三格"特效。

④ 在两个素材之间添加"泛光"转场效果。

⑤ 预览整个制作文件无误后导出文件，格式为MP4。

剪映

剪映调色与精细调控主题制作

项目介绍

情境描述

剪映的调色功能非常强大，它允许用户对视频的色彩进行细致调整，从而提升视频的质量和观赏性。在剪映中，用户可以通过调节亮度、对比度、饱和度、色温等参数，随心所欲地改变视频的视觉效果。例如，增加亮度可以让画面看起来更加明亮，提高对比度可以让明暗部分更加分明，调整色温则可以改变画面的冷暖色调。

此外，剪映还提供了HSL调整、曲线调整等高级功能，让用户能够对视频中的特定颜色进行精细调控。HSL调整允许用户分别调整色相、饱和度和亮度，而曲线调整则提供了更高的灵活性和精准度，让用户能够实现对视频亮度和对比度的个性化调整。

本任务首先要解读视频调色方式，明确制作要求、工作时间和交付要求等信息。然后对原始音视频素材进行整理、筛选并排序，搜集、分析同类视频调色范例，制定视频调色方案，梳理流程和要点，选定视频调色策略。最后将制作完成的视频定稿按照指定的文件格式输出，与工程文件一起存档并交付。

任务要求

剪映的调色功能赋予了用户极大的自由度，可以精细调整视频的色彩，使画面效果更加生动、丰富。通过简单的滑动条操作，用户可以轻松调节亮度、对比度、饱和度等基本参数，迅速改变视频的视觉效果。读者根据要求完成以下任务。

任务1：青橙色调调色。

任务2：INS色调调色。

任务3：冬日雪景调色。

任务4：城市夜景调色。

根据任务的情境描述，在规定时间内完成调色任务。

① 根据任务要求，高效、准确地处理素材，分析、筛查同类案例，制定视频调色方案。

② 制作简要脚本，确定视频风格类型、表现形式等策略，要求主题突出、立意正确。

③ 视频分辨率为1080P，格式为MP4。

④ 根据工作时间和交付要求，整理、输出并提交符合客户要求的文件。

学习与技能目标

◇ 能够说出亮度/对比度/饱和度的作用。
◇ 能够说出色温/色调/褪色的作用。
◇ 能够说出高光/阴影/白色/黑色的作用。
◇ 能够说出HSL工具的使用方法。
◇ 能够使用"曲线"工具调整画面色调。
◇ 能够说出"暗角""颗粒"工具的作用。
◇ 能够说出常见的滤镜类型。

◇ 能够掌握剪映专业版的滤镜使用方法。
◇ 能够使用"人像"中的"亮肤"滤镜调整人像皮肤白亮程度。
◇ 能够使用"影视级"中的"青橙"滤镜调整画面色调。
◇ 能够使用"人像"中的"净白肤"滤镜调整人像皮肤及画面。
◇ 能够调整"高光""阴影"的数值，对画面进行细微调整。
◇ 能够使用"INS质感风"滤镜并调整滤镜强度。
◇ 能够使用"素净"滤镜并调整滤镜强度。
◇ 能够使用"新增调节"按钮调整画面整体色调。
◇ 能够使用"雪白肤"滤镜并设置滤镜强度。
◇ 能够使用"雪花白"滤镜并设置滤镜强度。
◇ 能够使用"自定义调节"调整画面亮度和层次。
◇ 能够使用HSL选项卡调整画面的黄色比重。
◇ 能够使用HSL选项卡调整天空的蓝色比重。
◇ 能够使用HSL选项卡调整画面的蓝色比重。

项目知识链接

调色是短视频中不可或缺的步骤，不同色调的同一段视频，能带给人不同的观感。本项目从调色的基础入手，讲解调色的相关知识。

亮度/对比度/饱和度

工具栏中的"调节"包含多种调整画面亮度和色调的工具，如图5-1所示。"亮度""对比度""饱和度"是3个最基本的调色工具，下面详细讲解。

扫码看教学视频

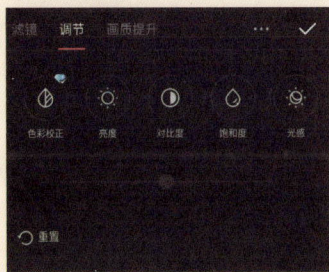

图5-1

亮度：用于调整画面整体的明暗程度。数值越大，画面越明亮，如图5-2所示。

图5-2

对比度：用于调整画面最亮区域和最暗区域之间的亮度差异。亮度差异越大，画面的对比就越强烈，如图5-3所示。

图5-3

饱和度：用于调整画面的颜色鲜艳度。饱和度越高，画面的颜色越鲜艳，如图5-4所示。

图5-4

💡 **提示**

"光感"工具与"亮度"工具相似，也用于调整画面明暗程度。相较于"亮度"工具，"光感"工具的调整效果会更加自然。

097

色温/色调/褪色

除了调整亮度之外，调整画面的颜色也是非常重要的。"色温""色调""褪色"都是调整画面色调的工具，如图5-5所示。

图5-5

色温：用于调整画面的冷暖度。数值越大，画面越偏暖色；数值越小，画面越偏冷色，如图5-6所示。

图5-6

色调：用于调整画面的色彩倾向。数值越大，越偏向洋红色；数值越小，越偏向绿色，如图5-7所示。

图5-7

褪色：增大该数值，会让画面变得灰暗，形成掉色的效果，如图5-8所示。

图5-8

> 💡 **提示**
> 褪色与降低饱和度都可以让画面变得不那么鲜

艳，如图5-9所示，但两者还是有一些区别的。褪色是在原有的色彩基础上加入灰色，而降低饱和度则是让所有颜色的色彩度降低。

图5-9

高光/阴影/白色/黑色

如果要局部调整画面的亮部或暗部，可以通过"高光""阴影""白色""黑色"这4个工具达到效果，如图5-10所示。

图5-10

高光：用于调整画面中亮部的明暗程度，如图5-11所示。

图5-11

阴影：用于调整画面中暗部的明暗程度，如图5-12所示。

图5-12

白色：用于调整画面中亮部的明暗程度。相较于"高光"，增大白色的数值会显著增加画面的亮度，但可能会导致溢出；减小白色的数值则会使画面变暗，如图5-13所示。

图5-13

黑色： 用于调整画面中暗部的明暗程度。相较于"阴影"，增大黑色的数值可以增加暗部的亮度，但可能会导致暗部细节丢失；减小黑色的数值则会使画面变得更暗，如图5-14所示。

图5-14

💡 **提示**

使用"高光"和"阴影"工具调整亮部和暗部的明暗程度时更加精细，会尽量保留画面的细节。使用"白色"和"黑色"工具调整亮部和暗部的明暗程度时更加显著，会丢失较多的画面细节。

HSL

使用HSL工具可以单独调整一个颜色范围的色相、饱和度和亮度，相比"色温"和"色调"工具，HSL工具的调整会更精细一些，如图5-15所示。

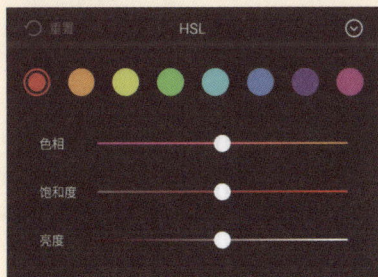

扫码看教学视频

图5-15

颜色范围： 点击颜色按钮，选择需要调整的颜色范围。

色相： 根据所选的颜色范围，更改颜色。图5-16所示是选择橙色范围后，更改其色相为红色，画面中人像皮肤和沙滩更偏红色。

图5-16

饱和度： 根据所选的颜色范围，更改颜色的饱和度。图5-17所示是选择橙色范围后，降低其饱和度，画面中人像皮肤和沙滩的饱和度降低。

图5-17

亮度： 根据所选的颜色范围，更改颜色的亮度。图5-18所示是选择橙色范围后，增加颜色的亮度，画面中人像皮肤和沙滩的亮度增加。

图5-18

曲线

"曲线"工具通过调整曲线的高度来调整画面的亮度。相比"亮度"工具，"曲线"工具调整更加灵活，如图5-19所示。

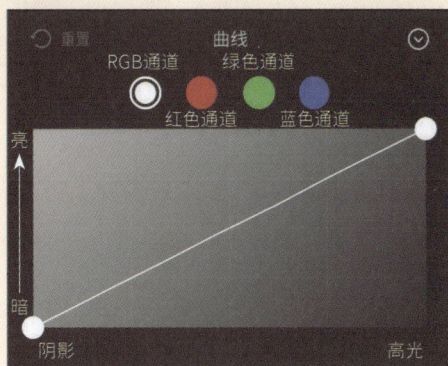

扫码看教学视频

图5-19

RGB通道："曲线"工具中有4个通道，分别是RGB通道、红色通道、绿色通道和蓝色通道。调整RGB通道的曲线，会整体调整画面的亮度，如图5-20所示。

红色通道：在红色通道中调整曲线，只会影响画面中红色部分的亮度，如图5-21所示。

图5-20　　　　　　　　图5-21

绿色通道：在绿色通道中调整曲线，只会影响画面中绿色部分的亮度，如图5-22所示。

蓝色通道：在蓝色通道中调整曲线，只会影响画面中蓝色部分的亮度，如图5-23所示。

图5-22　　　　　　　　图5-23

💡 **提示**

在RGB通道中，当曲线上的点向上移动时，对应画面中的区域会变亮；当曲线上的点向下移动时，对应画面中的区域会变暗。

在颜色通道中，当曲线上的点向上移动时，对应画面中的区域颜色更接近通道颜色；当曲线上的点向下移动时，对应画面中的区域颜色更接近通道对比色。例如，在蓝色通道中，曲线上的点向上移动，画面中蓝色增加；曲线上的点向下移动，画面中黄色增加。

暗角/颗粒

"暗角"和"颗粒"工具不能改变画面的亮度或颜色，只起到一定的装饰作用，如图5-24所示。

扫码看教学视频

图5-24

暗角：会在画面的四角形成黑色或白色的渐变遮罩层。当数值为正值时，暗角为黑色；当数值为负值时，暗角为白色，如图5-25所示。

图5-25

颗粒：会在画面上形成颗粒效果。设置的数值越大，颗粒感越明显，如图5-26所示。

图5-26

如果想快速调整视频的色调，使用"调节"中的相关工具就有些复杂，尤其是在手机上操作时，没有那么方便。滤镜就很好地解决了这一问题，只需要点击喜欢的滤镜，就能快速将视频调整为滤镜的色调。对于不擅长调色和手机操作不便的用户来说，滤镜是一个非常有用的功能。

在剪映App的工具栏中点击"滤镜"按钮，然后在弹出的界面中就可以选择丰富的滤镜，如图5-27和图5-28所示。

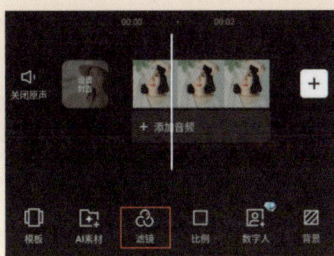

图5-27

图5-28

提示

添加滤镜后，会在轨道下方生成一个蓝色的滤镜轨道，如图5-31所示。用户可以灵活调整滤镜轨道的长度。其操作方法与特效一致。

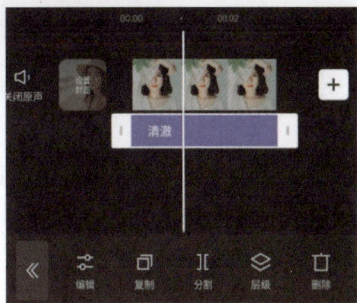

图5-31

风景

风景类滤镜适合旅行类、风景类这些户外视频的调色，颜色较为鲜艳，如图5-29所示。在这类滤镜中，有暖色调，也有冷色调，图5-30所示为部分滤镜效果。

图5-29

扫码看教学视频

图5-30

秋日

秋日类滤镜与风景类滤镜有部分重叠，这类滤镜偏暖色居多，颜色较为柔和，如图5-32所示。在这类滤镜中，画面呈现暖色调，图5-33所示为部分滤镜效果。

图5-32

图5-33

人像

人像类滤镜适合处理人像较多的视频，如图5-34所示。在这类滤镜中，对于人像皮肤和氛围的处理较多，图5-35所示为部分滤镜效果。

扫码看教学视频

图5-34

图5-35

美食

扫码看教学视频

美食类滤镜适合处理聚餐、美食探店、旅行等相关食物类型较多的视频，如图5-36所示。在这类滤镜中，对于食物的色调处理较多，更多偏暖色调，容易让观看者产生食欲，图5-37所示为部分滤镜效果。

图5-36

图5-37

相机模拟

扫码看教学视频

相机模拟类滤镜用于模拟特定相机镜头的拍摄质感和色调，如图5-38所示。这类滤镜适合处理大多数类型的视频，图5-39所示为部分滤镜效果。

图5-38

图5-39

夜景

扫码看教学视频

夜景类滤镜适合处理夜晚类的风景或人像视频，如图5-40所示。这类滤镜对于较暗色调的画面补光更多，颜色也更为丰富，图5-41所示为部分滤镜效果。

图5-40

图5-41

风格化

风格化类滤镜应用范围较广，画面类型很丰富，如图5-42所示。这类滤镜具有鲜明的特点，色调较为夸张，图5-43所示为部分滤镜效果。

扫码看教学视频

图5-42

图5-43

复古胶片

如果想制作做旧质感的视频，使用复古胶片类滤镜就非常合适，如图5-44所示。这类滤镜会模拟早期胶片类影视画面的色调，图5-45所示为部分滤镜效果。

扫码看教学视频

图5-44

图5-45

💡 **提示** ┈┈┈┈┈┈┈┈┈┈┈┈

该类滤镜中的部分滤镜在其他分类中也存在。

影视级

影视级类滤镜可以快速调出具有电影感的色调，如图5-46所示。这类滤镜会模仿影视作品中的色调进行调色，图5-47所示为部分滤镜效果。

扫码看教学视频

图5-46

图5-47

黑白

黑白类滤镜会将画面处理为黑白灰或低饱和度的效果，如图5-48所示。这类滤镜会让画面带有质感，在一些高级风的短视频中会运用到，图5-49所示为部分滤镜效果。

图5-48

图5-49

剪映专业版的滤镜使用方法

在剪映专业版中，添加滤镜的方法与剪映App有一些区别。单击"滤镜"，切换到滤镜界面，在界面左侧就可以选择不同类型的滤镜，如图5-50所示。

扫码看教学视频

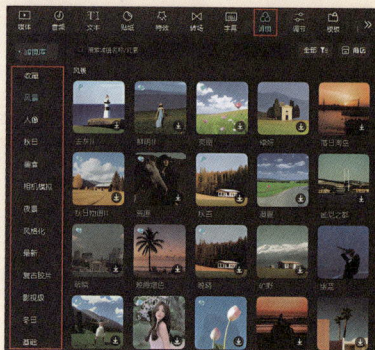
图5-50

选中一个滤镜后，就能在界面右侧预览滤镜的效果，如图5-51所示。如果觉得预览效果合适，就将其向下拖曳到时间轴中，将滤镜轨道放在画面轨道的上方，如图5-52所示。

图5-51

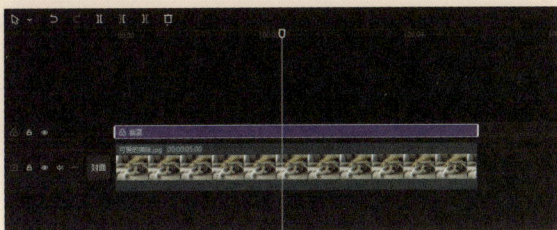

图5-52

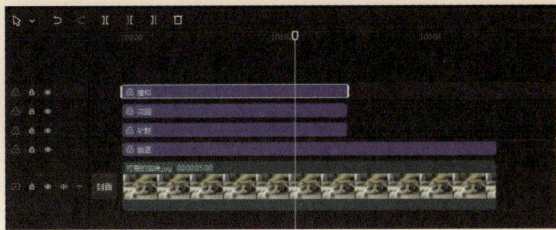

图5-53

滤镜可以叠加，只要滤镜轨道在画面轨道的上方，就可以影响画面效果，如图5-53所示。滤镜颜色的浓度通过界面右侧的"强度"数值进行控制，如图5-54所示。

图5-54

任务实施

任务5.1　青橙色调调色

素材位置	素材文件 > 项目 5> 任务：青橙色调调色
视频名称	任务：青橙色调调色 .mp4
学习目标	掌握青橙色调的调色方法

扫码看案例视频

扫码看案例效果

☞ 任务简介

　　青橙色调是常见的调色色调之一，在电影中运用较多。橙色与人的肤色接近，青色与橙色对比强烈，调整后的画面中人物更加突出。

　　在这个任务中，需要使用"亮肤""青橙""净白肤"滤镜，再经过简单的调整，就可以将一张照片调整为青橙色调。

☞ 任务要点

◇　使用"人像"中的"亮肤"滤镜调整人像皮肤白亮程度。
◇　使用"影视级"中的"青橙"滤镜调整画面色调。
◇　使用"人像"中的"净白肤"滤镜调整人像皮肤及画面。
◇　调整"高光"和"阴影"的数值，对画面进行细微调整。

☞ **任务制作**

01 打开剪映App，在"剪辑"界面点击"开始创作"按钮，导入学习资源"素材文件>项目5>任务：青橙色调调色"文件夹中的图片素材文件，如图5-55所示。

图5-55

02 点击"滤镜"，在"人像"中选择"亮肤"滤镜，如图5-56所示。添加滤镜后，人像的皮肤会更加白亮，如图5-57所示。

图5-56

图5-57

💡 **提示**

根据画面效果，滤镜的强度设置为70～100较为合适。

03 返回时间轴，点击"新增滤镜"按钮，选择"影视级"中的"青橙"滤镜，如图5-58所示。此时画面中橙色和青色的饱和度增加，如图5-59所示。

图5-58

图5-59

04 人像的皮肤有些偏黄，添加"人像"中的"净白肤"滤镜，强度为50左右，如图5-60所示。人像皮肤变得净白，画面也变亮一些，如图5-61所示。

图5-60

图5-61

05 人像的白色衣服因为过亮丢失了一些细节，需要进行细微调整。在工具栏中点击"新增调节"，在弹出的界面中减小"高光""阴影"的数值，如图5-62和图5-63所示。

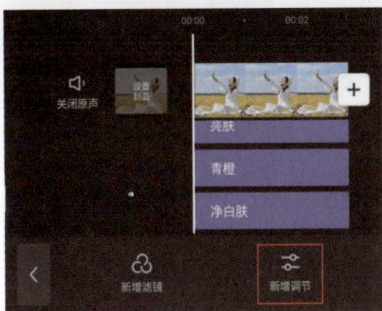 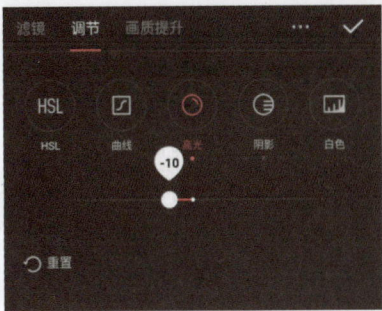

图5-62　　　　　　　　　　　　　　　　　　　　　　图5-63

06 单击界面右上角的"导出"按钮 ⬆导出，导出制作好的短视频，效果如图5-64所示。

图5-64

任务5.2	INS色调调色
素材位置	素材文件 > 项目 5> 任务：INS 色调调色
视频名称	任务：INS 色调调色 .mp4
学习目标	掌握 INS 色调的调色思路

扫码看案例视频　　　扫码看案例效果

☞ **任务简介**

　　INS色调是社交媒体上常见的一种色调，其特点为色调饱和度低、色调柔和、偏冷、高亮度和低对比度。

　　在这个任务中，需要在剪映App中对一张人像图片进行调色形成INS风格，需要使用"INS质感风""素净"两个滤镜，并使用"调节"调整画面细节。

调整前　　　　　　　　调整后

☞ **任务要点**

◇ 使用"INS质感风"滤镜并调整滤镜强度。

◇ 使用"素净"滤镜并调整滤镜强度。

◇ 使用"新增调节"按钮调整画面整体色调。

☞ **任务制作**

01 打开剪映App，在"剪辑"界面点击"开始创作"按钮，导入学习资源"素材文件>项目5>任务：INS色调调色"文件夹中的素材文件，如图5-65所示。

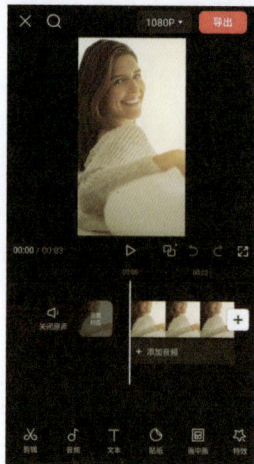
图5-68

图5-69

04 此时画面基本达到想要的效果，但整体色调偏暖。在工具栏中点击"新增调节"，设置"色温"为-10、"高光"为6、"阴影"为-8，如图5-70所示。

图5-65

02 在工具栏中点击"滤镜"，搜索并添加"INS质感风"滤镜，然后设置滤镜强度为100，如图5-66所示。画面效果如图5-67所示。

图5-70

05 点击界面右上角的"导出"按钮 导出，导出制作好的短视频，效果如图5-71所示。

图5-66

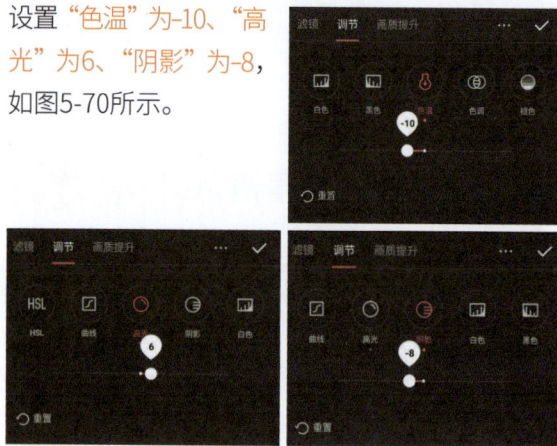
图5-67

03 返回时间轴，点击"新增滤镜"，搜索并添加"素净"滤镜，设置滤镜强度为70，如图5-68所示。画面效果如图5-69所示。

图5-71

任务5.3	冬日雪景调色
素材位置	素材文件 > 项目 5> 任务：冬日雪景调色
视频名称	任务：冬日雪景调色 .mp4
学习目标	掌握冬日雪景的调色思路

扫码看案例视频

扫码看案例效果

☞ 任务简介

冬日雪景基本呈现冷色调，一味地添加冷色，可能会让画面丢失一些细节，因此在处理时要多观察画面效果。

在这个任务中，需要在一段人像素材中添加"雪白肤""雪花白"两个滤镜营造氛围，通过"调节"修正一些细节。

调整前

调整后

☞ 任务要点

◇ 使用"雪白肤"滤镜并设置滤镜强度。
◇ 使用"雪花白"滤镜并设置滤镜强度。

☞ 任务制作

01 打开剪映App，在"剪辑"界面点击"开始创作"按钮，导入学习资源"素材文件>项目5>任务：冬日雪景调色"文件夹中的素材文件，如图5-72所示。

图5-72

02 点击"滤镜"，搜索并添加"雪白肤"滤镜，设置滤镜强度为40，如图5-73所示。画面效果如图5-74所示。

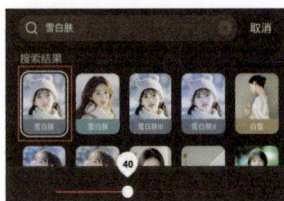
图5-73

图5-74

03 点击"新增滤镜"，搜索并添加"雪花白"滤镜，设置滤镜强度为50，如图5-75所示。画面效果如图5-76所示。

图5-75

图5-76

图5-78

04 画面的亮度还不够，点击"新增调节"，设置"光感"为6、"高光"为-8、"阴影"为7，如图5-77所示。画面效果如图5-78所示。

05 预览视频无误后，点击"导出"按钮导出视频，效果如图5-79所示。

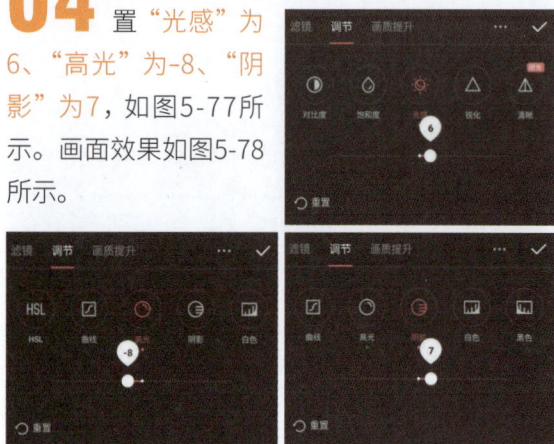

图5-77

图5-79

任务5.4　城市夜景调色

素材位置	素材文件 > 项目5> 任务：城市夜景调色
视频名称	任务：城市夜景调色.mp4
学习目标	掌握剪映专业版调色的方法

☞ 任务简介

对于城市夜景，在调色时需要着重表现灯光的效果。常见的夜景色调有蓝金、橙蓝和黑红等。

在这个任务中，需要在剪映专业版中使用"调节"中的功能调制黑金色调的夜景效果。通过对"调节"工具的应用，更好地理解调色的原理。

☞ 任务要点

◇ 使用"自定义调节"调整画面亮度和层次。
◇ 使用HSL选项卡调整画面的黄色比重。
◇ 使用HSL选项卡调整天空的蓝色比重。
◇ 使用HSL选项卡调整画面的蓝色比重。

☞ 任务制作

01 打开剪映专业版，在"首页"界面中单击"开始创作"按钮 ⊞ 开始创作，导入学习资源"素材文件>项目5>任务：城市夜景调色"文件夹中的视频素材文件，如图5-80所示。

02 视频素材中包含黄色、蓝色和黑色这3种主要颜色，需要通过调色，让画面只保留黄色和黑色。在"调节"界面中选中"自定义调节"，然后将其向下拖曳到时间轴中，放置在视频轨道的上方，如图5-81和图5-82所示。

图5-80   图5-81   图5-82

03 选中"调节"轨道，在"基础"选项卡中设置"高光"为10、"阴影"为-3、"光感"为6，增加画面的亮度和层次，如图5-83所示。

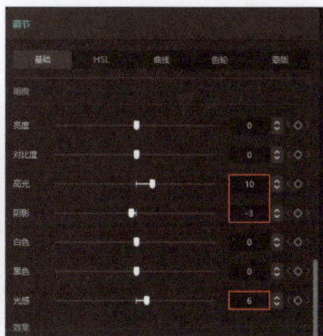

图5-83

04 在HSL选项卡中选中橙色，然后调整"色相""饱和度""亮度"为15左右（根据画面效果大概调整即可），增加画面的黄色比重，如图5-84所示。

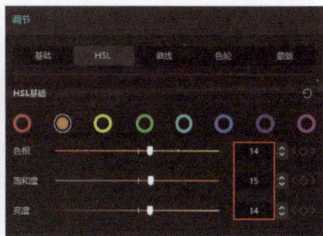

图5-84

05 选中青色，然后减小"饱和度""亮度"的数值，使画面中天空的蓝色部分变少，如图5-85所示。

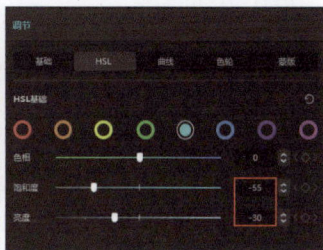

图5-85

06 选中蓝色，然后减小"饱和度"的数值，使画面中蓝色的部分全部消失，如图5-86所示。

07 单击界面右上角的"导出"按钮 🔼 导出，导出视频文件，效果如图5-87所示。

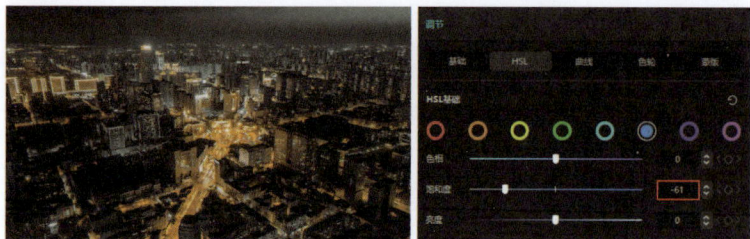

图5-86

图5-87

项目总结与评价

☞ 项目总结

☞ 项目评价

评价内容	评价标准	分值	学生自评	小组评定
调节知识引导	能够说出亮度/对比度/饱和度的作用	5		
	能够说出色温/色调/褪色的作用	5		
	能够说出高光/阴影/白色/黑色的作用	5		
	能够说出 HSL 工具的使用方法	5		
	能够使用"曲线"工具调整画面色调	5		
	能够说出"暗角""颗粒"工具的作用	5		
滤镜知识引导	能够说出常见的滤镜类型	5		
	掌握剪映专业版的滤镜使用方法	5		

续表

评价内容	评价标准	分值	学生自评	小组评定
任务实施	能够使用"人像"中的"亮肤"滤镜调整人像皮肤白亮程度	5		
	能够使用"影视级"中的"青橙"滤镜调整画面色调	5		
	能够使用"人像"中的"净白肤"滤镜调整人像皮肤及画面	5		
	能够调整"高光""阴影"的数值，对画面进行细微调整	5		
	能够使用"INS 质感风"滤镜并调整滤镜强度	5		
	能够使用"素净"滤镜并调整滤镜强度	5		
	能够使用"新增调节"按钮调整画面整体色调	5		
	能够使用"雪白肤"滤镜并设置滤镜强度	5		
	能够使用"雪花白"滤镜并设置滤镜强度	5		
	能够使用"自定义调节"调整画面亮度和层次	4		
	能够使用 HSL 选项卡调整画面的黄色比重	4		
	能够使用 HSL 选项卡调整天空的蓝色比重	4		
	能够使用 HSL 选项卡调整画面的蓝色比重	3		
总计		100		

拓展训练

调色在剪映中的应用较为灵活，下面通过3个拓展训练，复习调色的使用方法。请读者根据要求和提示制作视频。

拓展训练1：日系风格调色

日系风格的色调能营造出可爱、充满活力的感觉，适合用在以人像为主的画面调色中。

扫码看案例视频　扫码看案例效果

☞ **习题要求**

◇ 视频主题：日系风格调色
◇ 视频分辨率：1080P
◇ 制作端：剪映App
◇ 视频时长：3s左右
◇ 视频要求：将素材调整为日系风格的色调
◇ 视频版式：竖屏

步骤提示

① 打开剪映App，导入图片素材。

② 在"滤镜"中搜索并添加"日漫""日系电影Ⅲ"两个滤镜。

③ 在"调节"中调整"高光""阴影""黑色"的数值。

④ 预览整个制作文件无误后导出文件，格式为MP4。

拓展训练2：赛博朋克街景

在科幻类电影中，赛博朋克风格的色调很常见。在后期制作短视频时，也可以运用这类风格的色调，尤其是夜晚的街景就很适合。赛博朋克风格的色调重点在于画面中有两种对比强烈的颜色，如洋红色和蓝色、红色和绿色等，画面颜色的饱和度也比较高，但明暗对比可以不用太强烈。

扫码看案例视频　　扫码看案例效果

调整前　　调整后

习题要求

◇ 视频主题：赛博朋克街景
◇ 视频分辨率：1080P
◇ 制作端：剪映专业版
◇ 视频时长：3s左右
◇ 视频要求：将素材调整为赛博朋克风格的色调
◇ 视频版式：横屏

步骤提示

① 打开剪映专业版，导入街景图片素材。

② 在"滤镜"中搜索"赛博朋克"，然后选择"银翼杀手"滤镜并添加到素材轨道上方。

③ 添加"调节"轨道，在"基础"选项卡中调整"色温""色调""饱和度""高光""阴影""白色"的数值。

④ 在HSL选项卡中调整不同通道的"色相""饱和度""亮度"的数值。

⑤ 预览整个制作文件无误后导出文件，格式为MP4。

拓展训练3：甜品调色

对于食品类主题的视频，在调色上一般更趋向于选择暖色调且画面明亮、干净。冷色调也会出现，常出现在果汁、水果等场景中。暖色调的画面更利于给观看者带来味觉的刺激，让食品看起来更有食欲。

扫码看案例视频　　扫码看案例效果

调整前　　调整后

习题要求

◇ 视频主题：甜品调色
◇ 视频分辨率：1080P
◇ 制作端：剪映专业版
◇ 视频时长：3s左右
◇ 视频要求：将素材调整为暖色调
◇ 视频版式：横屏

步骤提示

① 打开剪映专业版，导入食品图片素材。

② 在"滤镜"中选择"美食"，然后选择"烘焙""鲜美"两个滤镜并添加到素材轨道上方。

③ 添加"调节"轨道，调整"阴影""光感"的数值。

④ 预览整个制作文件无误后导出文件，格式为MP4。

剪映

剪映合成与蒙版编辑主题制作

项目介绍

☞ 情境描述

剪映中的合成知识涵盖画中画、抠图、蒙版和混合模式等多个方面，这些功能共同为用户提供强大的视频编辑和创作能力。

画中画功能允许用户在主视频轨道上叠加另一个视频或图片，从而实现在同一画面中展示多个画面的效果。通过调整画中画的层级、大小、位置和角度，用户可以实现丰富多样的视觉效果。

抠图功能主要用于将视频中的人、物或景从原始背景中分离出来，以便更换背景或进行其他创意处理。剪映提供了智能抠像和色度抠图等多种抠图方式，用户可以根据需要选择合适的抠图工具进行操作。

蒙版功能可以在视频或图片上创建遮罩层，用于隔离或隐藏某些区域。剪映支持多种类型的蒙版，如线性、镜面、圆形、矩形等，用户可以根据需要选择合适的蒙版类型，并通过调整蒙版的属性来进一步调整视频效果。

混合模式是一种将两个或多个图层进行混合以产生不同效果的功能。剪映提供了多种混合模式，如正常、变亮、滤色、变暗、叠加等，用户可以根据需要选择合适的混合模式来实现各种视觉效果。

本任务首先要解读视频编辑方式，明确制作要求、工作时间和交付要求等信息。然后对原始音视频素材进行整理、筛选并排序，搜集、分析同类视频编辑范例，制定视频编辑方案，梳理流程和要点，选定视频编辑策略。最后将制作完成的视频定稿按照指定的文件格式输出，与工程文件一起存档并交付。

☞ 任务要求

读者根据要求完成以下任务。

任务1：抠图动态封面。

任务2：动态蒙版片头。

根据任务的情境描述，在规定时间内完成视频编辑任务。

① 根据任务要求，高效、准确地处理素材，分析、筛查同类案例，制定视频编辑方案。

② 制作简要脚本，确定音频风格类型、表现形式等策略，要求主题突出、立意正确。

③ 视频分辨率为1080P，格式为MP4。

④ 根据工作时间和交付要求，整理、输出并提交符合客户要求的文件。

学习与技能目标

◇ 能够说出添加画中画的方法。

◇ 能够说出调整画中画效果的工具。

◇ 能够说出使用剪映App和剪映专业版添加蒙版的方法。

◇ 能够说出蒙版的类型。

◇ 能够使用"智能抠像"抠出主体对象并添加描边。

◇ 能够说出"自定义抠像"中的4种工具。

◇ 能够使用"色度抠图"进行抠图。
◇ 能够说出混合模式的类型。
◇ 能够使用"抠像"中的"智能抠像"将背景快速抠掉。
◇ 能够添加"冷白"滤镜调整画面色调。
◇ 能够使用"入场"中的"轻微抖动Ⅱ"为视频添加动画。
◇ 能够使用"入场"中的"向右甩入"为人像轨道添加动画。
◇ 能够为轨道添加"默片"滤镜并设置"强度"参数。
◇ 能够使用"蒙版"中的"线性"蒙版为轨道添加动画并设置关键帧。
◇ 能够使用"显示关键帧变速曲线"命令调整曲线样式。

项目知识链接

在剪映App中，如果要同时显示两段素材，就要用到"画中画"功能。这个功能和剪映专业版中的轨道相似，在前面的案例中也涉及过，下面详细讲解"画中画"的相关知识。

蒙版是一个非常有用的功能，可以将同一时间的多个轨道上的画面以不同形式合成为一个画面。这个功能在剪映App和剪映专业版中都有，在操作方法上虽有差异，但其原理完全一致。

抠像功能可以将素材的一部分保留，与其他素材进行融合。这个功能在各种视频处理软件中都有应用，剪映也不例外。在剪映中抠像包含智能抠像、自定义抠像和色度抠图3种类型。

添加画中画

扫码看教学视频

在剪映App中，只有在界面中已经存在素材轨道时，才能添加画中画。导入一个素材后，在工具栏中点击"画中画"按钮，然后点击"新增画中画"按钮，如图6-1和图6-2所示。

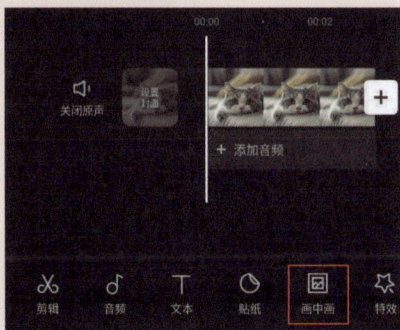
图6-1

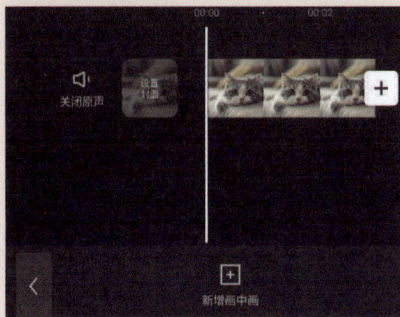
图6-2

点击"新增画中画"后，选择要添加的素材文件，就会在原有的素材轨道的下方出现画中画轨道，如图6-3所示。上方的画面中，画中画素材略小于原有素材且覆盖在上方，如图6-4所示。

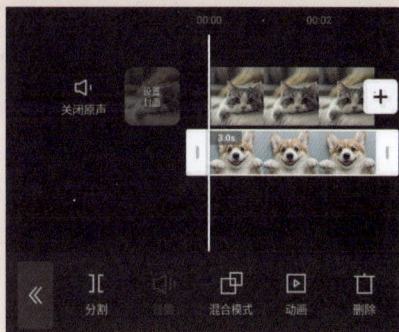
图6-3

图6-4

> 💡 **提示**
>
> 如果想让画中画素材与原有素材一样大，只需两指滑动屏幕，将素材放大即可。

调整画中画效果

选中加载的画中画轨道后，在下方的工具栏中就可以调整画中画效果，如图6-5所示。下方的工具栏很长，向左滑动能显示剩余的工具。下面介绍常用的工具。

扫码看教学视频

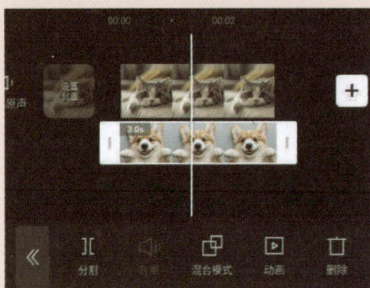

图6-5

分割： 裁剪画中画轨道的长度。

混合模式： 将画中画轨道的画面与上方轨道的画面进行不同形式的混合，如图6-6所示。

图6-6

动画： 在画中画轨道上添加入场、出场和组合动画效果。

删除： 删除画中画轨道。

替换： 替换画中画轨道的素材文件。

特效： 在画中画轨道上添加特效。

编辑： 对画中画轨道进行旋转、镜像和调整大小的操作。

调节： 对画中画轨道调整亮度和色调等。

滤镜： 在画中画轨道上添加滤镜。

蒙版： 在画中画轨道上添加蒙版，与上方素材形成不同叠加效果。

蒙版的添加方法

在轨道上添加蒙版后，会根据蒙版的样式，将不同轨道上的素材拼接显示，图6-7所示是线性蒙版的效果。

图6-7

蒙版会显示一部分上层轨道的画面和一部分下层轨道的画面。具体到剪映App和剪映专业版上，其操作方法有些区别。

1.剪映App

在剪映App中，添加了蒙版功能的轨道，会根据蒙版形状与上一层轨道进行运算。如果只有一个轨道，添加蒙版后，就会显示为部分黑色，如图6-8所示。如果添加了画中画轨道，在画中画轨道上添加蒙版，就会与上方的轨道进行运算，如图6-9所示。

图6-8

扫码看教学视频

图6-9

2.剪映专业版

在剪映专业版中，添加了蒙版功能的轨道，会根据蒙版形状与下一层轨道进行运算。如果只有一个轨道，添加蒙版后，就会显示为部分黑色，如图6-10所示。上层轨道添加蒙版后，会基于蒙版形状与下方轨道的画面进行合成运算，如图6-11所示。

扫码看教学视频

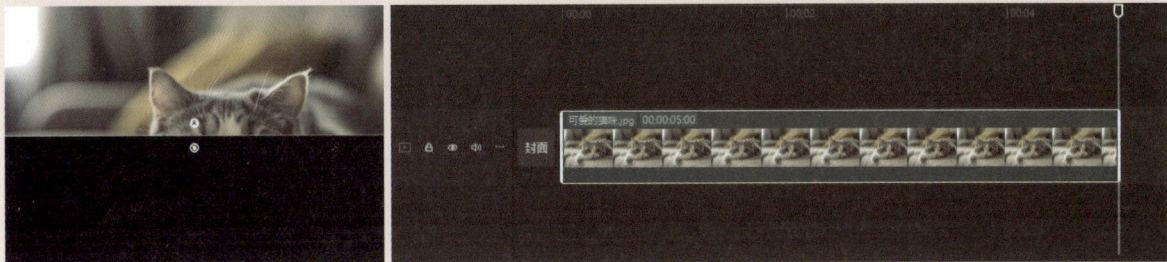

图6-10

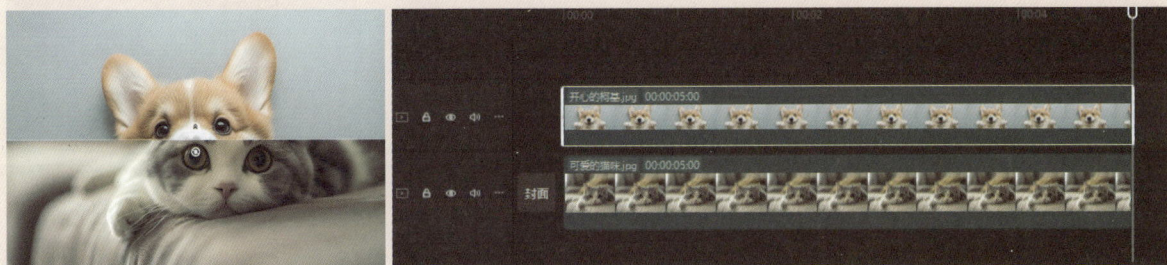

图6-11

> **提示**
>
> 剪映App与剪映专业版在蒙版运算逻辑上是相反的，请读者在用两种版本制作时加以甄别。

蒙版的类型

扫码看教学视频

无论是剪映App还是剪映专业版，软件中提供的蒙版类型相同，如图6-12所示。下面以剪映专业版讲解这些类型的效果。

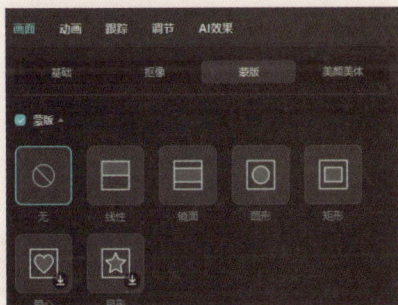

图6-12

线性： 用直线将两段素材进行分割显示，默认为横向，如图6-13所示。通过调节分割线的旋转角度、位置和羽化，可以制作出不同的分割效果，如图6-14所示。

图6-13

图6-14

镜面： 用两条直线将两段素材分割显示，添加蒙版的素材会显示在画面中间，默认为横向，如图6-15所示。在蒙版下方可以调节分割线的旋转角度、位置和羽化，形成不同的分割效果，如图6-16所示。

图6-15

图6-16

圆形：添加蒙版的素材会以圆形出现在画面中，如图6-17所示。在蒙版下方可以调节圆形的位置、旋转角度、大小和羽化，形成不同的分割效果，如图6-18所示。

图6-17 图6-18

矩形：添加蒙版的素材会以矩形出现在画面中，如图6-19所示。在蒙版下方可以调节矩形的位置、旋转角度、大小、圆角和羽化，形成不同的分割效果，如图6-20所示。

图6-19 图6-20

爱心：添加蒙版的素材会以爱心的形状出现在画面中，如图6-21所示。在蒙版下方可以调节爱心的位置、旋转角度、大小和羽化，形成不同的分割效果，如图6-22所示。

图6-21 图6-22

星形：添加蒙版的素材会以星形出现在画面中，如图6-23所示。在蒙版下方可以调节星形的位置、旋转角度、大小和羽化，形成不同的分割效果，如图6-24所示。

图6-23 图6-24

智能抠像

扫码看教学视频

"智能抠像"功能用法简单，只需要激活该功能，软件就会根据素材的信息快速抠取画面中的主要内容，如图6-25所示。对于背景较为复杂的画面，在激活该功能后，仍旧能很好地抠出画面主体对象，如图6-26所示。

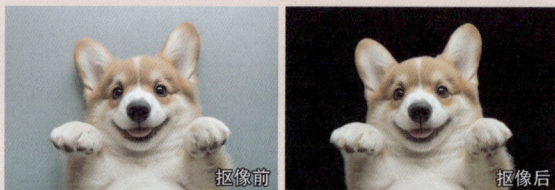

图6-25

图6-26

> 💡 **提示**
>
> "智能抠像"功能需要成为剪映会员才能使用。在剪映App和剪映专业版中，两者的用法一致。

抠像完成后，可以激活"抠像描边"功能，选择不同的描边形式，如图6-27所示。这种功能在一些短视频的片头或综艺类短视频中较为常见，图6-28所示的部分效果。

图6-27

单层描边　　　　虚线描边

图6-28

激活"AI背景"功能，可以为抠像后的图片添加一个新的背景内容。只需要在文本框中输入背景的描述文字，软件就会根据抠图后的元素智能生成背景，如图6-29所示。

图6-29

💡 **提示**

"AI背景"功能生成的背景图不一定适合抠出的图像，需要多次生成或修改描述文字才能找到较为合适的效果。

自定义抠像

扫码看教学视频

"自定义抠像"功能非常灵活，可以通过画笔描绘要抠图的区域，如图6-30所示。在"自定义抠像"中有4种工具可以使用，如图6-31所示。

图6-30

图6-31

智能画笔： 根据画笔绘制的路径自动生成要抠图的区域，绘制时会在画面中留下青蓝色的笔迹，如图6-32所示。

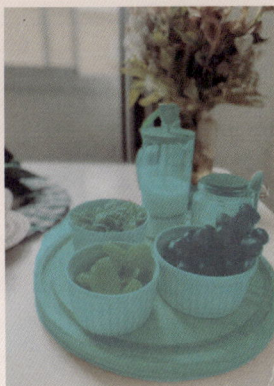

图6-32

智能橡皮： 如果有涂抹多了的地方，使用该工具就能快速擦掉青蓝色笔迹。

画笔： 只会根据画笔涂抹的位置生成抠像的范围，如图6-33所示。这个工具适合抠取边角细节的位置时使用，其比"智能画笔"工具更加精确。

图6-33

橡皮擦： 与"画笔"工具类似，只会撤销画笔涂抹的位置，不能形成一个区域。

色度抠图

扫码看教学视频

对于单帧图片抠图，"智能抠像""自定义抠像"两个功能完全够用。如果换成视频素材，"智能抠像"能完全胜任，"自定义抠像"就可能会出现一些错误，"色度抠图"在一定程度上能解决这类问题。

"色度抠图"会根据拾取的颜色进行判定，判定的区域会被抠掉，没有拾取颜色的区域则会被保留，如图6-34所示。这个功能对于绿幕背景或者蓝幕背景的素材特别适用。

图6-34

这个功能也有一个劣势，即对于颜色相近的画面，抠图容易出现问题，如图6-35所示。视频素材中围巾的颜色与背景的颜色都是蓝色系，因此在抠图时会将围巾一起抠掉。

图6-35

> 💡 **提示**
>
> 读者在抠图前需要对素材进行判断，如果是颜色相近的素材，就不要使用"色度抠图"功能。"智能抠像"对于大多数素材都不会有影响，适用性更强。

"色度抠图"并不像"智能抠像"可以一步到位，还需要根据抠图效果对参数进行调整，如图6-36所示。

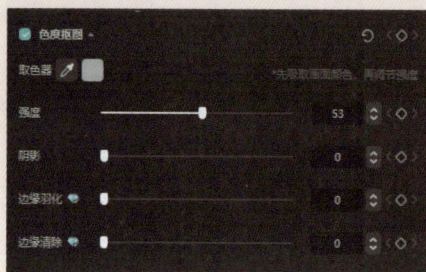

图6-36

取色器：拾取画面中需要抠掉的颜色。

强度：设置抠图的强度，数值越大，与拾取颜色相近的颜色抠掉的范围越大，如图6-37所示。

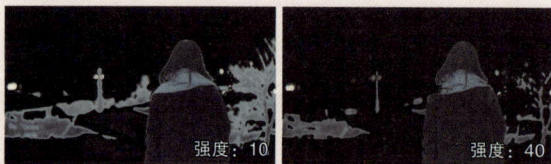

图6-37

阴影：保留或恢复被抠除物体边缘自带的半透明阴影区域。

边缘羽化：对抠图留下的边缘进行模糊处理。

边缘清除：抠图后剩余素材的边缘可能会留下残留的边，增大该数值就能清除残留的边。

添加混合模式

在剪映App中加载画中画素材后，会在下方的工具栏中出现"混合模式"按钮，点击该按钮后就会出现混合模式的类型，如图6-38所示。

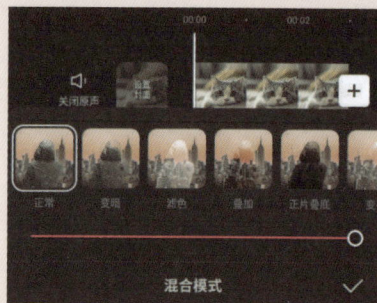

图6-38

剪映专业版中加载混合模式的方法则要简单一些。选中轨道后，在右侧的"画面"中就可以找到"混合模式"，如图6-39所示。

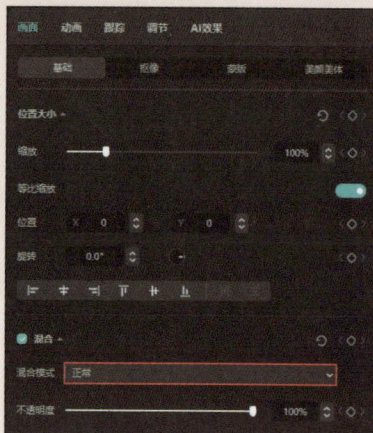

图6-39

混合模式的类型

无论是剪映App还是剪映专业版，混合模式的类型都是一样的，效果也完全一致。图6-40和图6-41所示分别是混合模式的类型和应用效果。

扫码看教学视频

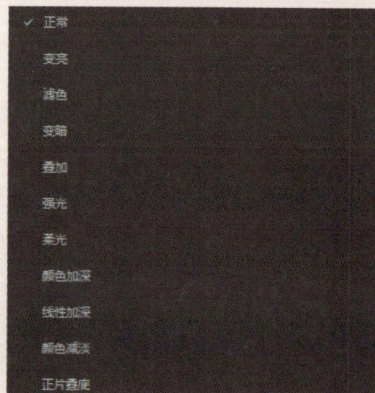

图6-40

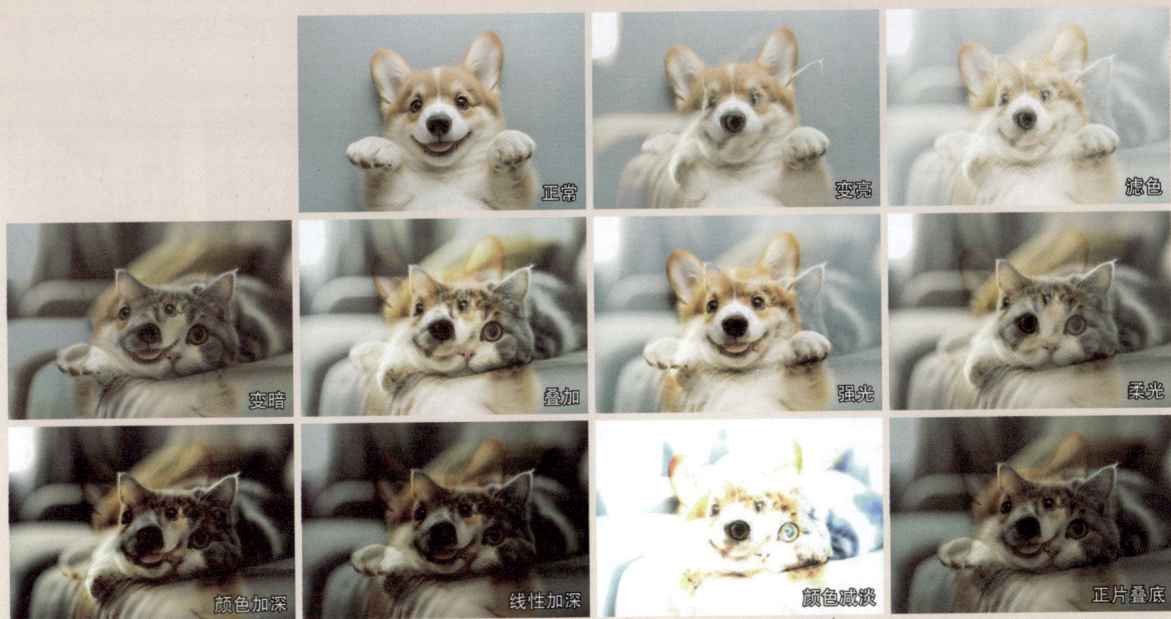

图6-41

正常　变亮　滤色
变暗　叠加　强光　柔光
颜色加深　线性加深　颜色减淡　正片叠底

💡 **提示**

　　混合模式的类型较多，读者不需要特别记忆不同的混合模式。在平时制作时，可逐个试用，以找到合适的混合模式。

任务实施

任务6.1　抠图动态封面

素材位置	素材文件 > 项目 6> 任务：抠图动态封面
视频名称	任务：抠图动态封面 .mp4
学习目标	掌握智能抠像的使用方法

扫码看案例视频　　扫码看案例效果

☞ **任务简介**

　　抠图可以将画面中需要展示的对象单独提取出来，从而制作一些有趣的视频效果。

　　在这个任务中，需要使用"智能抠像"抠出素材中的人像，然后添加一些特效和文字，形成一个动态封面。

☞ 任务要点

◇ 能够使用"抠像"中的"智能抠像"将背景快速抠掉。

◇ 能够添加"冷白"滤镜调整画面色调。

◇ 能够使用"入场"中的"轻微抖动Ⅱ"为视频添加动画。

◇ 能够使用"入场"中的"向右甩入"为人像轨道添加动画。

☞ 任务制作

01 打开剪映专业版，在编辑界面单击"开始创作"按钮 **＋ 开始创作** ，导入学习资源"素材文件>项目6>任务：抠图动态封面"文件夹中的图片素材文件，如图6-42所示。

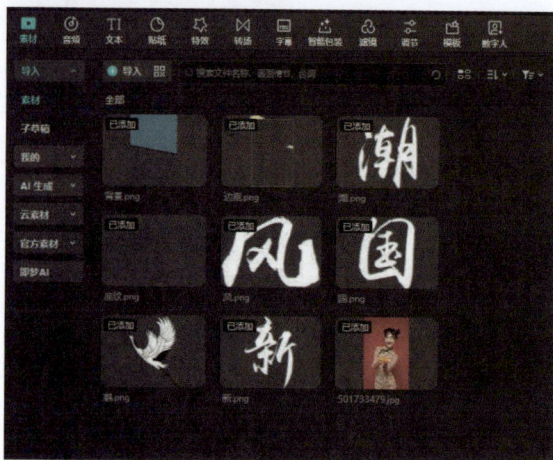

图6-42

02 参照图6-43所示的轨道顺序，将图片素材添加到时间轴中。此时画面效果如图6-44所示。

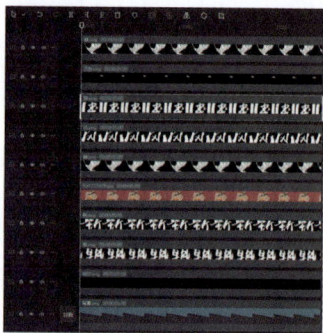

图6-43   图6-44

03 人像素材的红色背景挡住了部分素材，需要将其抠掉。在时间轴中选中人像轨道，然后在"抠像"中勾选"智能抠像"复选

框，就可以将背景快速抠掉，如图6-45所示。画面效果如图6-46所示。

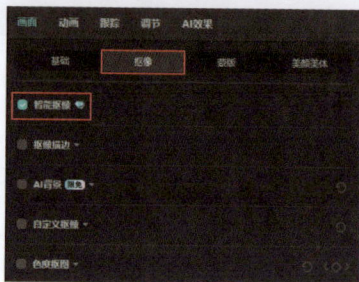

图6-45   图6-46

04 画面背景是蓝色的冷色调，而人像原有背景是红色的暖色调，这就造成画面色调的不一致。选中人像轨道，添加"冷白"滤镜，人像会变成冷色调，如图6-47所示。

05 在两个鹤的轨道上添加"轻微抖动Ⅱ"的入场动画，设置"动画时长"为3s，如图6-48所示。

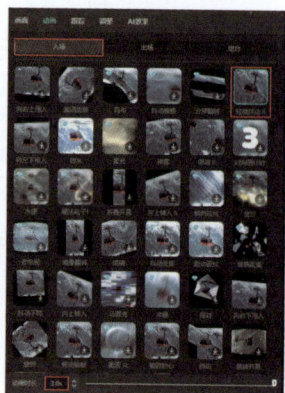

图6-47   图6-48

06 选中人像轨道，添加"向右甩入"的入场动画，设置"动画时长"为1s，如图6-49所示。案例最终效果如图6-50所示。

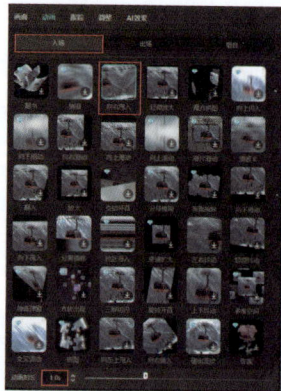

图6-49

图6-50

任务6.2	动态蒙版片头
素材位置	素材文件 > 项目 6> 任务：动态蒙版片头
视频名称	任务：动态蒙版片头 .mp4
学习目标	掌握蒙版和关键帧的用法

☞ 任务简介

　　蒙版能对素材进行不同形状的裁剪，在此基础上增加关键帧，就能形成较为复杂的动画效果。

　　在这个任务中，需要为图片素材添加"线性"蒙版，并在"位置"参数上添加关键帧，形成蒙版动画。案例制作比前面的案例更为复杂，在剪映专业版中更容易操作。

任务要点

◇ 能够为轨道添加"默片"滤镜并设置"强度"参数。

◇ 能够使用"蒙版"中的"线性"蒙版为轨道添加动画并设置关键帧。

◇ 能够使用"显示关键帧变速曲线"命令调整曲线样式。

任务制作

01 打开剪映专业版，在"首页"界面单击"开始创作"按钮 ⊕ 开始创作，导入学习资源"素材文件>项目6>任务：动态蒙版片头"文件夹中的素材文件，如图6-51所示。

图6-51

02 将601630086.jpg素材文件添加到时间轴中，然后在画面中间添加文字"不负时光的旅行"，如图6-52所示。

图6-52

> **提示**
>
> 输入的文字的字体是"汉仪晴空体简#Regular"，读者可以选择相似的字体或者选择自己喜欢的字体。

03 将1463375-3125852.jpg素材文件添加到文字轨道的上方，覆盖整个画面，如图6-53所示。画面效果如图6-54所示。

图6-53

图6-54

04 在1463375-3125852.jpg轨道上添加"默片"滤镜，设置"强度"为80，如图6-55所示。

图6-55

05 在"蒙版"中选择"线性"蒙版，然后单击"位置"后的关键帧按钮，设置"旋转"为50°，如图6-56所示。

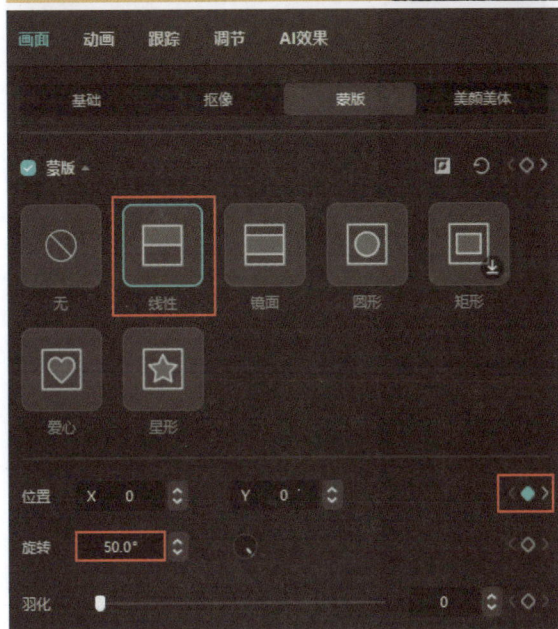

图6-56

06 在1s15的位置，将蒙版向右上方移动，然后在1s15的位置，单击"位置"后的关键帧按钮，使蒙版保持相同的位置不变，如图6-57所示。

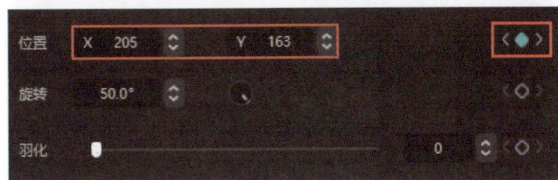

图6-57

07 在2s10的位置，将蒙版完全移出画面，如图6-58所示。

图6-58

08 选中轨道上的任意一个关键帧图标，单击鼠标右键，在弹出的快捷菜单中选择"显示关键帧变速曲线"命令（快捷键为Alt+K），打开关键帧曲线界面，调整曲线的样式，如图6-59和图6-60所示。

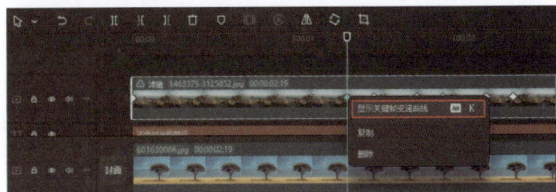

图6-59

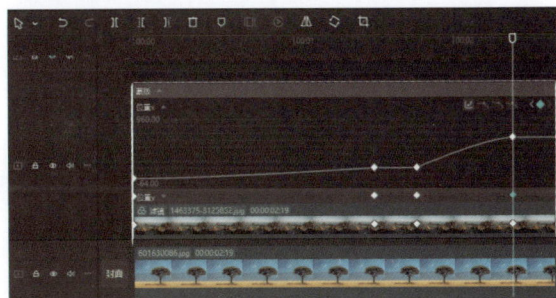

图6-60

💡 **提示**

在关键帧曲线界面的右上角，可以快速选择曲线的样式，如图6-61所示。

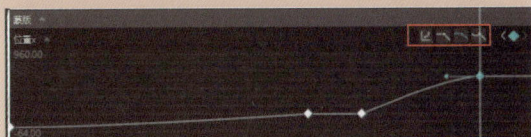

图6-61

127

09 将1463375-3125852.jpg轨道复制一份并放在原轨道上方，然后删除"默片"滤镜，如图6-62所示。画面效果如图6-63所示。

图6-62   图6-63

10 在1s10的位置，向右上方移动蒙版到图6-64所示的位置，然后在1s23处，保持相同的位置不变。

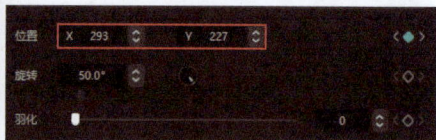

图6-64

💡 **提示**

复制轨道时，关键帧会一起被复制。读者只需要将关键帧移动到相应的时间处，再调整"位置"参数即可，不需要单击关键帧图标。

11 在2s06处，将蒙版完全移出画面，如图6-65所示。

12 将两个1463375-3125852.jpg轨道继续复制并放在上方轨道中，如图6-66所示。

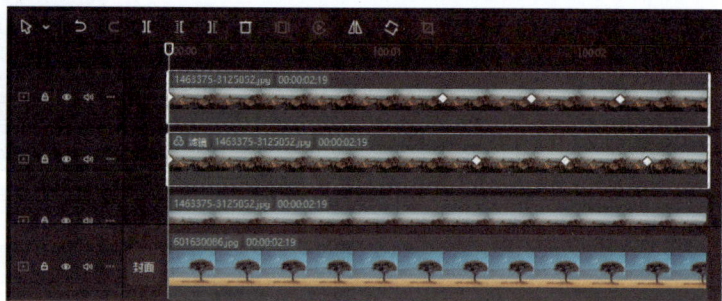

图6-65   图6-66

13 修改两个复制的轨道中蒙版的旋转角度为-130°，如图6-67所示。

14 调整两个复制的轨道中关键帧的位置，与下方两个轨道的关键帧位置相对应，如图6-68所示。

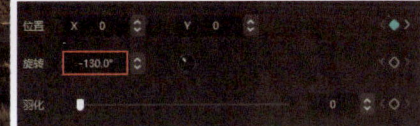

图6-67   图6-68

15 单击界面右上角"导出"按钮 导出视频，效果如图6-69所示。

图6-69

项目总结与评价

👉 项目总结

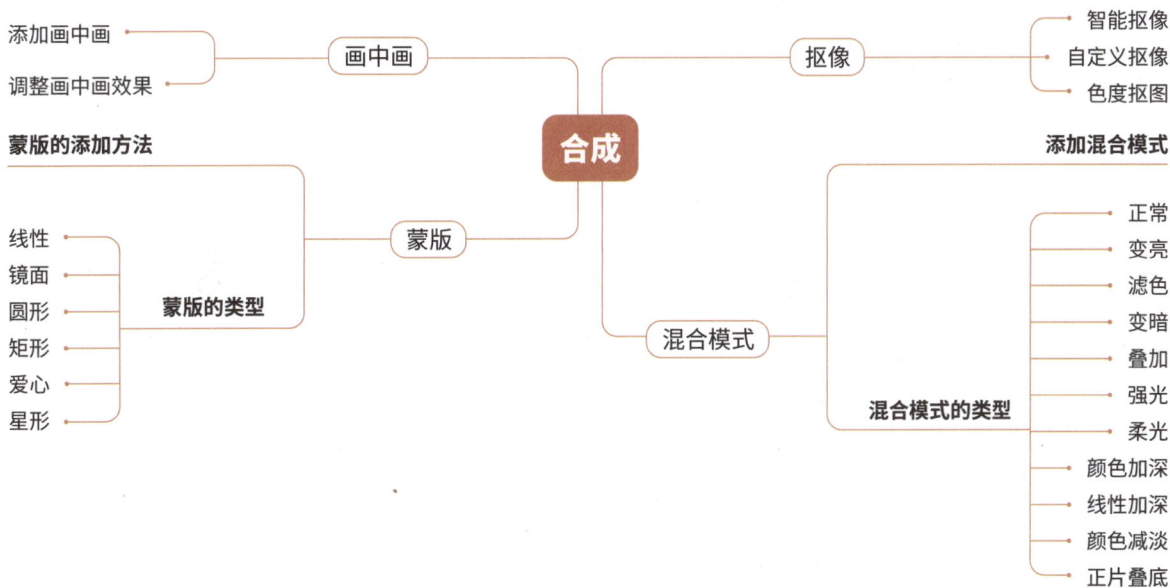

129

☞ 项目评价

评价内容	评价标准	分值	学生自评	小组评定
画中画知识引导	能够说出添加画中画的方法	5		
	能够说出调整画中画效果的工具	5		
蒙版知识引导	能够说出使用剪映 App 和剪映专业版添加蒙版的方法	5		
	能够说出蒙版的类型	5		
抠像知识引导	能够使用"智能抠像"抠出主体对象并添加描边	10		
	能够说出"自定义抠像"中的 4 种工具	5		
	能够使用"色度抠图"进行抠图	10		
混合模式知识引导	能够说出混合模式的类型	5		
任务实施	能够使用"抠像"中的"智能抠像"将背景快速抠掉	5		
	能够添加"冷白"滤镜调整画面色调	5		
	能够使用"入场"中的"轻微抖动Ⅱ"为视频添加动画	5		
	能够使用"入场"中的"向右甩入"为人像轨道添加动画	10		
	能够为轨道添加"默片"滤镜并设置"强度"参数	10		
	能够使用"蒙版"中的"线性"蒙版为轨道添加动画并设置关键帧	10		
	能够使用"显示关键帧变速曲线"命令调整曲线样式	5		
总计		**100**		

拓展训练

合成在剪映中的应用较为灵活，下面通过两个拓展训练，复习合成的使用方法。请读者根据要求和提示制作视频。

拓展训练1：插画蒙版过渡

运用蒙版动画，制作一个插画画面过渡的短视频。

扫码看案例视频　　扫码看案例效果

☞ 习题要求

◇ 视频主题：插画蒙版过渡
◇ 视频分辨率：1080P
◇ 制作端：剪映App
◇ 视频时长：2s左右
◇ 视频要求：使用"线性"蒙版过渡两段素材
◇ 视频版式：竖屏

☞ 步骤提示

① 打开剪映App，导入图片素材。
② 使用"画中画"功能导入画中画素材。
③ 在画中画素材上添加"线性"蒙版并制作位置关键帧。
④ 预览整个制作文件无误后导出文件，格式为MP4。

131

拓展训练2：动态人像抠图

运用"智能抠像"快速将画面中的人像抠出为一个单独的图层，配合"动感缩小""瞬间模糊"和"色差故障"效果增加画面的趣味性，让静止的图片变成动态的视频。

扫码看案例视频　　扫码看案例效果

👉 习题要求

◇　视频主题：动态人像抠图
◇　视频分辨率：1080P
◇　制作端：剪映专业版
◇　视频时长：2s左右
◇　视频要求：抠取素材中的人像制作动画
◇　视频版式：竖屏

👉 步骤提示

① 打开剪映专业版，导入人像素材。
② 将素材所在轨道向上复制一份，使用"智能抠像"抠出人像部分。
③ 在人像轨道上添加"动感缩小"入场动画，时长为0.5s。
④ 在人像轨道上添加"瞬间模糊"特效，时长也为0.5s，并在"模糊"参数上添加关键帧，形成模糊度逐渐减小的效果。
⑤ 将背景轨道复制到"瞬间模糊"轨道的上方，并将轨道开头对齐"瞬间模糊"轨道的末尾，同时添加"色差故障"特效，时长为10帧。
⑥ 预览整个制作文件无误后导出文件，格式为MP4。

剪映

剪映Vlog短视频
综合案例制作

任务1　旅拍Vlog短视频

素材位置	素材文件 > 项目 7> 旅拍 Vlog 短视频
视频名称	旅拍 Vlog 短视频 .mp4
学习目标	掌握旅拍 Vlog 短视频的制作思路

扫码看案例视频　　扫码看案例效果

☞ 任务简介

在抖音等自媒体平台上，经常会刷到旅行时拍摄的照片或视频制作的Vlog短视频。这些短视频有的较为简单，配有文字和音乐，有的较为复杂，会有音乐卡点和蒙版动画。

在这个任务中，需要运用拍摄的旅行视频片段制作一个短视频，使用剪映音乐库中的音乐，根据音乐节奏将素材进行转场；在素材上输入音乐的歌词，添加简约的边框，点缀整个画面，最后添加滤镜调色。

☞ 任务要点

◇　使用"分割"对音乐进行裁剪。
◇　使用"添加标记"在轨道上添加标记。
◇　使用"变速"设置轨道时长。
◇　使用"识别字幕/歌词"命令快速生成歌词。
◇　使用"文本"调整文字的字体和字号。
◇　使用"入场"中的"缩小"为文字添加动画并设置时长。
◇　使用"日系电影Ⅲ"滤镜为素材添加滤镜效果。
◇　使用"自定义调节"调整画面色调。

☞ 任务制作

01 打开剪映专业版，在"首页"界面中单击"开始创作"按钮 🟦 开始创作 ，导入学习资源"素材文件>项目7>旅拍Vlog短视频"文件夹中的视频素材文件，如图7-1所示。

图7-1

02 在"音频"中搜索every breath you take这首歌，选择一个舒缓节奏的版本，如图7-2所示。

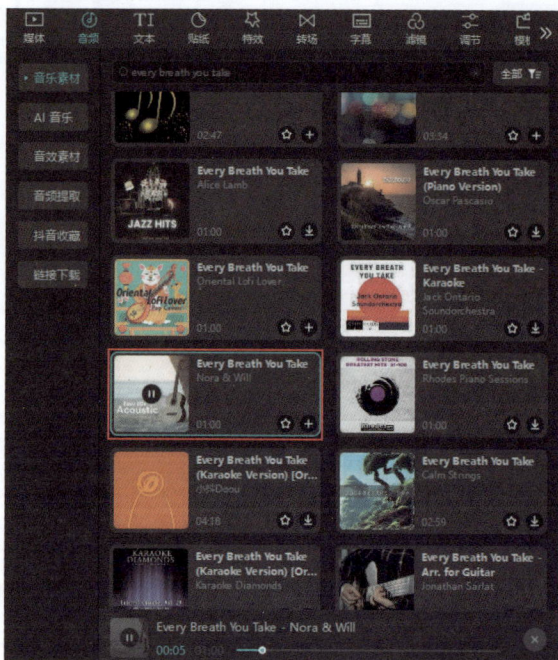

图7-2

💡 提示

这首歌有很多节奏和混音版本，读者选择一个慢节奏、舒缓的版本即可。

03 将音乐添加到时间轴后，需要对音乐进行裁剪。移动播放指示器到16s09和32s22的位置进行裁剪，如图7-3所示。

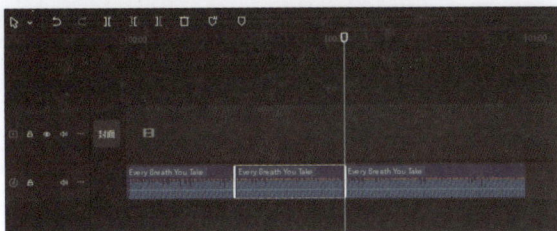

图7-3

04 保留中间的音乐部分，删掉其余两段音乐，如图7-4所示。

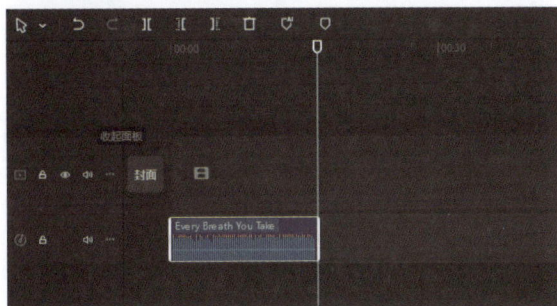

图7-4

05 根据音乐节奏在音频轨道上添加标记，如图7-5所示。

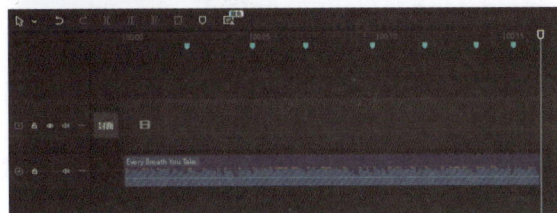

图7-5

💡 **提示** ─────────────

　音频标记的位置仅供参考，读者可按照自己的理解添加标记。

06 按照标记的位置，添加导入的素材文件，如图7-6所示。

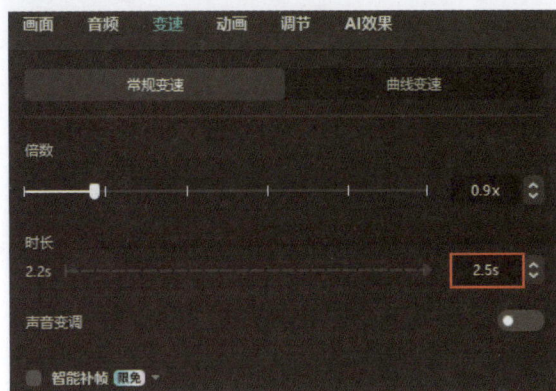

图7-6

07 前面两个素材的长度要比标记的区间短一截。选中这两个素材，在"变速"的"常规变速"中设置"时长"为2.5s，将素材间的空隙补齐，如图7-7和图7-8所示。

图7-7

图7-8

08 选中音频轨道，单击鼠标右键，在弹出的快捷菜单中选择"识别字幕/歌词"命令，就可以快速生成歌词的文字轨道，如图7-9所示。

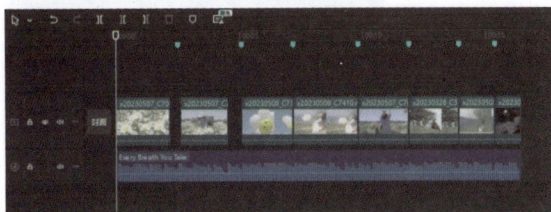

图7-9

💡 **提示** ─────────────

　如果读者没有开通会员，无法使用该功能，就需要手动输入歌词文字内容：

　　every breath you take
　　every move you make
　　every bond you break
　　every step you take
　　I'll be watching you

09 将歌词文字放在画面的中间位置，调整文字的字体和字号，如图7-10所示。

图7-10

10 选中所有文字，在"入场"中选择"缩小"，设置"动画时长"为0.8s，如图7-11所示。画面效果如图7-12所示。

图7-11

图7-12

11 导入学习资源中的"边框.png"文件，添加在所有轨道的上方，如图7-13所示。画面效果如图7-14所示。

图7-13

图7-14

12 播放视频，会发现人物多出现在画面的右侧，选中部分素材将其镜像，使其出现在画面的左侧，如图7-15所示。这样会显得整个视频的画面比较平衡。

图7-15

13 在"滤镜"中搜索"日系"，选择"日系电影Ⅲ"滤镜，如图7-16所示，将其添加在视频轨道的上方。画面效果如图7-17所示。

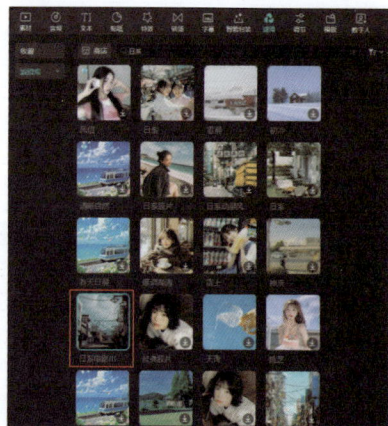

图7-16

图7-17

图7-21

14 观看其他画面，会发现画面发白，对比度不够，颜色饱和度也不够，如图7-18所示。选择"自定义调节"并将其添加到有问题的素材上方的轨道中，如图7-19所示。

图7-18

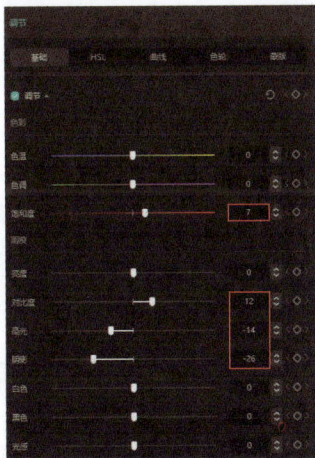

图7-19

15 画面目标是调整为偏暖色的青橙色调，因此需要在画面中增加青色和橙色的饱和度，而天空的蓝色也需要稍微偏向青色。增加画面的对比度的同时降低一些亮部区域的亮度，让画面不再泛白，但不降低整个画面的亮度。在"基础"选项卡中增大"饱和度""对比度"的数值，减小"高光""阴影"的数值，如图7-20所示。

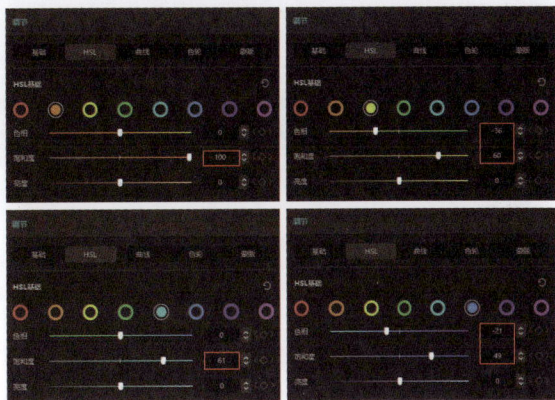

图7-20

16 在HSL选项卡中增大橙色、黄色、青色和蓝色的饱和度，同时调整黄色和蓝色的色相，如图7-21所示。这样整体画面会更趋近于青橙色调。

17 在"曲线"中调节曲线的角度，进一步增强明暗对比，如图7-22所示。调整后的画面对比效果如图7-23所示。

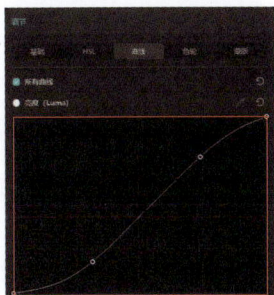

图7-22

图7-23

18 将调整好的"调节1"轨道复制到其他需要调整的视频素材的上方，根据画面效果再微调参数，其余画面效果如图7-24所示。

图7-24

💡 **提示**

由于素材是在不同时段、角度、光照和环境下拍摄的，因此调色的效果只要接近即可。

19 单击界面右上角的"导出"按钮 ⬆导出，导出制作好的视频，效果如图7-25所示。

图7-25

任务2 夏日生活Vlog短视频

素材位置	素材文件 > 项目 7> 夏日生活 Vlog 短视频
视频名称	夏日生活 Vlog 短视频 .mp4
学习目标	掌握生活分享类 Vlog 短视频的制作思路

扫码看案例视频　　扫码看案例效果

☞ 任务简介

　　平时在浏览短视频平台时，经常会看见生活分享类短视频。这类视频将生活中随手拍摄的素材剪辑在一起，配上音乐和文字，分享到网络上。这类视频的制作难度不大，对素材的要求也不高，添加简单的动画和转场效果，再选择一个合适的滤镜就能上传平台分享。如果想让画面更加有趣，可以运用前面学习的特效、蒙版、关键帧动画等功能增加画面的复杂性和趣味性。

　　在这个任务中，需要运用前面学习的各项重要知识点，将素材结合起来，制作以夏日生活为主题的Vlog短视频。

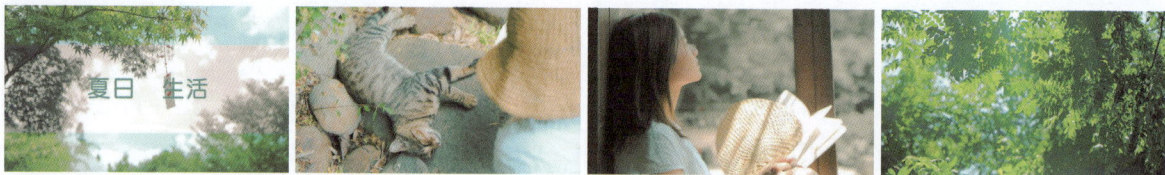

☞ 任务要点

◇ 使用"踩节拍Ⅱ"为音频添加音乐节拍。
◇ 使用"分割"为视频添加转场效果。
◇ 使用"向右"为视频添加转场效果。
◇ 使用"拉远"为视频添加转场效果。
◇ 使用"渐隐"为视频添加出场动画。
◇ 为视频添加"清透灰"滤镜。
◇ 为视频添加"镜面"蒙版并设置参数。
◇ 为视频添加"线性"蒙版并设置"旋转"参数。
◇ 使用"向右滑动""向左滑动"为视频添加入场动画。
◇ 使用"智能抠像"功能将人像部分抠出。
◇ 为视频添加"日系动漫风"滤镜。
◇ 为视频添加"车站"滤镜并设置"强度"参数。
◇ 掌握添加文字的方法。
◇ 使用"打字机Ⅱ"为文字添加入场动画。

☞ 任务制作

01 打开剪映专业版，在"首页"界面中单击"开始创作"按钮 ➕开始创作，导入学习资源"素材文件>项目7>夏日生活Vlog短视频"文件夹中的素材文件，如图7-26所示。

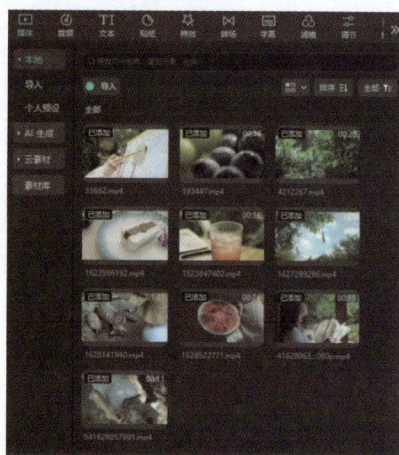

图7-26

02 在"音频"中搜索"日系小清新",然后选择图7-27所示的音频作为视频的背景音乐。

图7-27

03 音频时长较长,在13s21的位置进行裁剪,保留前半段音频,如图7-28所示。

图7-28

04 选中音频轨道,单击时间轴上方的"添加标记",在弹出的菜单中选择"踩节拍Ⅱ"选项,如图7-29所示。

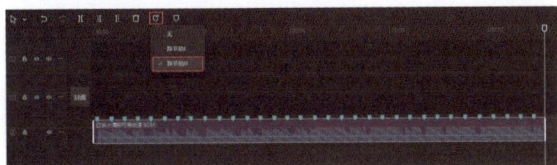

图7-29

05 根据音乐节拍,将视频素材添加到轨道上,如图7-30所示。

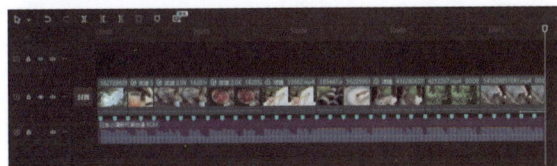

图7-30

06 图7-31所示的3个素材的播放速度较慢或素材长度不够,需要将其变速,以满足需求。

图7-31

07 在第1段素材和第2段素材之间添加"分割"转场效果,效果如图7-32所示。

图7-32

08 在第3段素材和第4段素材之间添加"向右"转场效果,效果如图7-33所示。

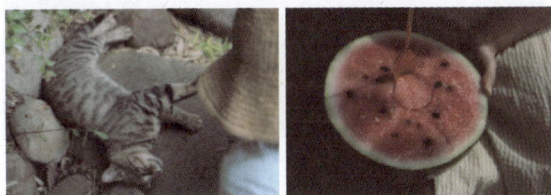

图7-33

09 在第6段素材和第7段素材之间添加"拉远"转场效果,效果如图7-34所示。

图7-34

10 选中最后一段素材,在"动画"的"出场"中选择"渐隐",设置"动画时长"为0.8s,如图7-35所示。画面效果如图7-36所示。

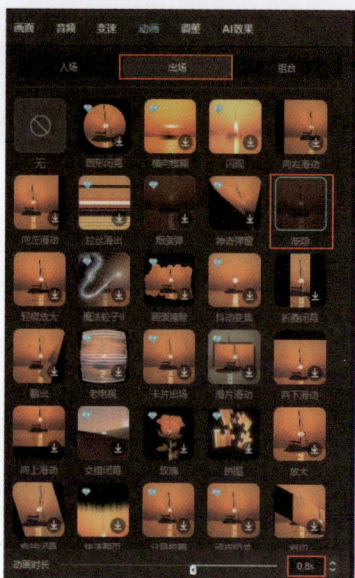

图7-35

图7-36

11 将第1段素材向上方轨道复制一份，然后在下方轨道的素材上添加"清透灰"滤镜，如图7-37所示。画面效果如图7-38所示。

图7-37

图7-38

12 在复制的上方轨道的素材上添加"镜面"蒙版，形成图7-39所示的效果。

图7-39

13 在轨道的起始位置设置蒙版的"宽"为1080，并添加关键帧，然后在16帧的位置设置"宽"为540，如图7-40所示。这样就形成蒙版的动画效果。

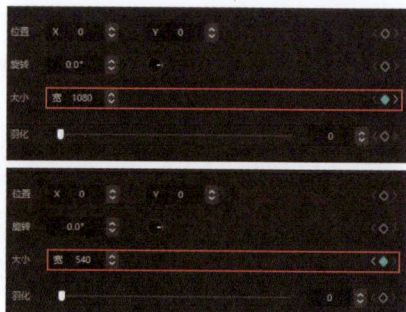

图7-40

14 将第5段素材向上方轨道复制两份，如图7-41所示。在下层轨道的素材上添加"清透灰"滤镜，效果如图7-42所示。

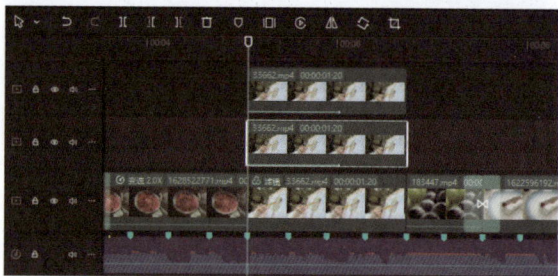

图7-41

图7-42

15 在复制的中间轨道的素材上添加"线性"蒙版,然后在复制的上层轨道的素材上也添加"线性"蒙版,设置"旋转"为180°,这样就将画面分割为上下两部分,如图7-43所示。

图7-43

16 在复制的中间轨道的素材上添加"向右滑动"入场动画,在复制的上层轨道的素材上添加"向左滑动"入场动画,设置"动画时长"都为1s,效果如图7-44所示。

图7-44

17 将第8段素材向上方的轨道复制一份,如图7-45所示。

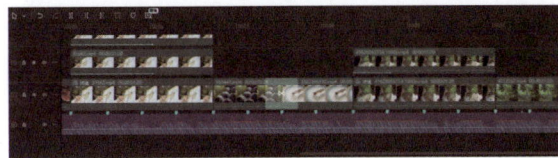

图7-45

18 在下方轨道的素材上添加"清透灰"滤镜,效果如图7-46所示。

图7-46

19 选中上方轨道的素材,开启"智能抠像"功能,将人像部分抠出,与下方轨道合成,如图7-47所示。

图7-47

20 在上方轨道的素材上添加"动感缩小"入场动画,设置"动画时长"为0.4s,效果如图7-48所示。

图7-48

21 添加"日系动漫风"滤镜到所有轨道的上方,如图7-49所示。画面效果如图7-50所示。

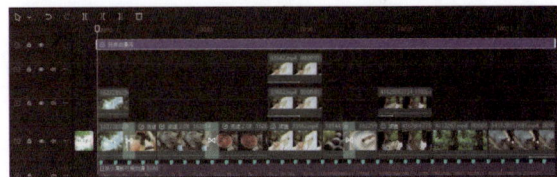

图7-49

图7-50

22 继续添加"车站"滤镜到所有轨道的上方，如图7-51所示，然后设置滤镜的"强度"为50%，效果如图7-52所示。

图7-51   图7-52

23 在第1段素材的上方添加文字，输入文字"夏日 生活"，如图7-53所示。

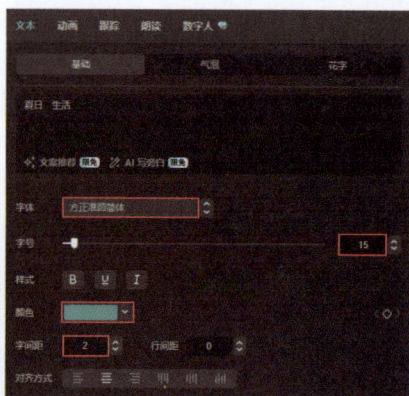

图7-53

24 在文字轨道上添加"打字机Ⅱ"入场动画，设置"动画时长"为0.5s，效果如图7-54所示。

图7-54

25 单击界面右上角的"导出"按钮，导出制作好的视频，效果如图7-55所示。

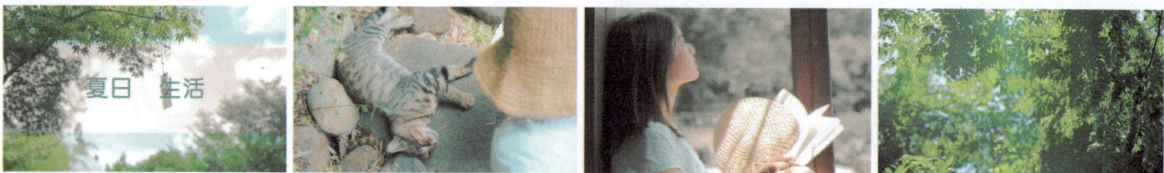

图7-55

项目 8

剪映营销短视频
综合案例制作

任务1 咖啡店宣传短视频

素材位置	素材文件 > 项目 8> 咖啡店宣传短视频
视频名称	咖啡店宣传短视频 .mp4
学习目标	掌握店铺宣传短视频的制作思路

扫码看案例视频　　扫码看案例效果

任务简介

　　近年来，很多商家会在短视频平台上投放店铺的宣传短视频，配合发放优惠券等手段扩大宣传覆盖面，为店铺引流。

　　在这个任务中，需要为一家咖啡店制作宣传短视频，展示咖啡研磨、冲泡的一些场景。

任务要点

◇ 使用"分割"对音乐进行裁剪。
◇ 使用"9：16(抖音)"选项调整画面比例。
◇ 说出放大素材的方法。
◇ 使用"推进"为素材添加转场效果。
◇ 使用"泡泡模糊"为素材添加转场效果。
◇ 使用"翻页Ⅱ"为素材添加转场效果。
◇ 使用"相片切换"为素材添加转场效果。

◇ 使用"波光粼粼"为素材添加转场效果。
◇ 使用"泡泡变焦"为素材添加特效。
◇ 使用"滤镜"中的"西餐"为素材添加滤镜。
◇ 使用"贴纸"中的"咖啡"为画面添加相关文字贴纸。
◇ 使用"贴纸"中的"杂志"为画面添加相关文字贴纸。
◇ 使用"识别字幕/歌词"命令生成歌词。

任务制作

01 打开剪映专业版，在"首页"界面中单击"开始创作"按钮，导入学习资源"素材文件>项目8>咖啡店宣传短视频"文件夹中的视频素材文件，如图8-1所示。

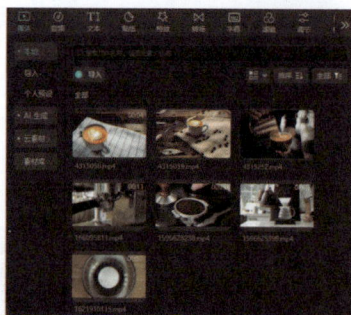

02 在"音频"中搜索Cherish这首歌，选择剪辑后的版本，如图8-2所示。

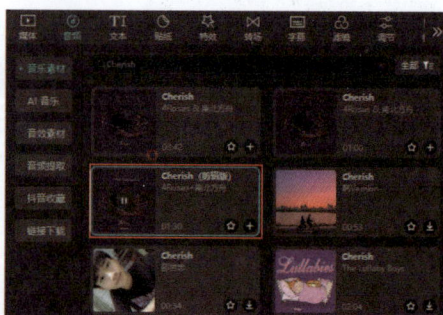

图8-1

图8-2

03 将音乐添加到时间轴后，需要对音乐进行裁剪。移动播放指示器到24s21和51s09的位置进行裁剪，如图8-3所示。

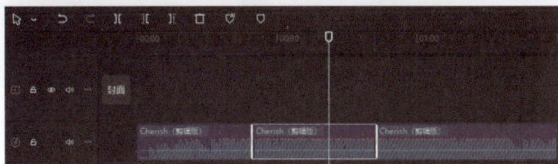

图8-3

04 保留中间的音乐部分，删掉其余两段音乐，如图8-4所示。

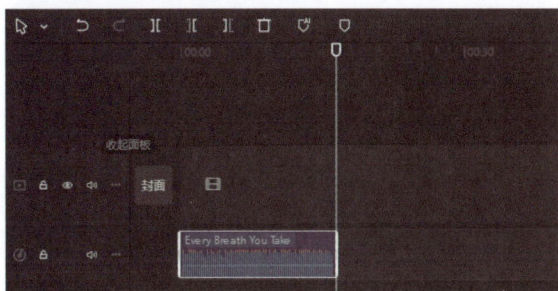

图8-4

05 在播放器右下角选择画面的比例为"9∶16(抖音)"，这样视频画幅会固定为设定的比例，加入不同比例的素材后也会按照设定的比例显示，如图8-5所示。

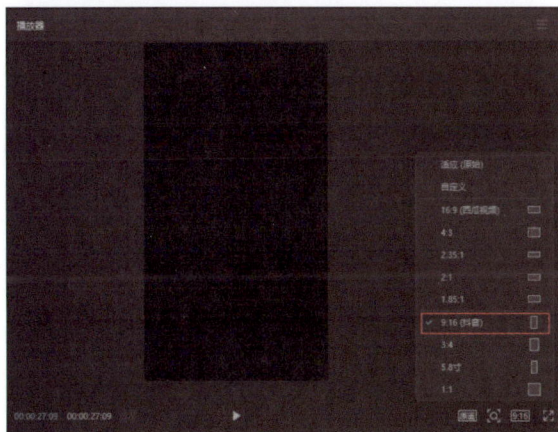

图8-5

> 💡 **提示**
> 案例中提供的素材都是横版画幅，而短视频平台中竖版画幅视频较多，这里需要先设定画幅后再添加素材到时间轴中。

06 将导入的视频素材添加到时间轴中，如图8-6所示。

图8-6

> 💡 **提示**
> 选取的背景音乐节奏较为舒缓，不需要提前标注节奏点。读者按照自己的想法设定素材的位置即可。

07 添加视频素材后，会发现素材没有占满画面，如图8-7所示。逐个将素材放大，填满画面，如图8-8所示。

图8-7

图8-8

08 在第1段素材和第2段素材之间添加"推进"转场效果，效果如图8-9所示。

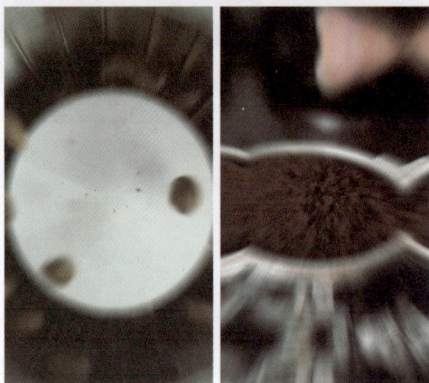

图8-9

09 在第2段素材和第3段素材之间添加"泡泡模糊"转场效果，效果如图8-10所示。

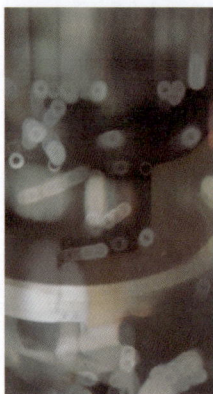

💡 **提示**

"泡泡模糊"属于会员转场效果，如果读者没有开通会员，可以用"竖向模糊"等其他模糊类转场效果代替。

图8-10

10 在第3段素材和第4段素材之间添加"翻页Ⅱ"转场效果，效果如图8-11所示。

💡 **提示**

"翻页Ⅱ"同样属于会员转场效果，读者也可以选择"翻页""上下翻页""翻篇"等相似的转场效果代替。

图8-11

11 在第4段素材和第5段素材之间添加"泡泡模糊"转场效果，效果如图8-12所示。

12 在第5段素材和第6段素材之间添加"相片切换"转场效果，效果如图8-13所示。

图8-12　　　　　图8-13

💡 **提示**

"相片切换"属于会员转场效果，读者可以选择"翻篇""翻页"等相似的转场效果代替。

13 在第6段素材和第7段素材之间添加"波光粼粼"转场效果，效果如图8-14所示。

💡 **提示**

"波光粼粼"属于会员转场效果，读者可以选择"叠化""叠加"等相似的转场效果代替。

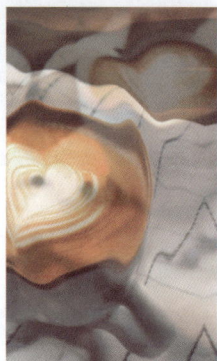

图8-14

14 在"特效"中选择"泡泡变焦"并添加到第1段素材上方的轨道，如图8-15所示。画面效果如图8-16所示。

图8-15

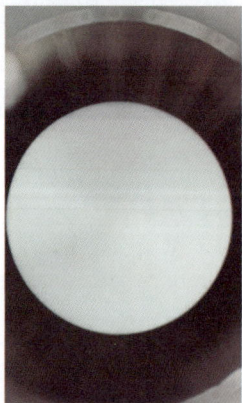

图8-16

15 在"滤镜"中搜索"西餐"并添加到所有素材上方的轨道，如图8-17所示。效果对比如图8-18所示。

图8-21

图8-17

19 选中生成的歌词文字，选择一个英文花体字体，放在画面中下方点缀画面，不需要看清文字内容，如图8-22所示。

调整前　　　　调整后

图8-18

图8-22

16 在"贴纸"中搜索"咖啡"，然后选择一个咖啡的相关文字贴纸，将其放到画面左上方并调整大小，如图8-19所示。

17 在"贴纸"中搜索"杂志"，然后选择一个中间对齐的文字贴纸，缩小后放在画面下方，如图8-20所示。

20 单击界面右上角的"导出"按钮 导出，导出制作好的视频，效果如图8-23所示。

图8-19　　　　　图8-20

18 为了增加画面的可看性，选中音频轨道，单击鼠标右键，在弹出的快捷菜单中选择"识别字幕/歌词"命令，如图8-21所示。

图8-23

任务2	图书营销短视频
素材位置	素材文件 > 项目·8> 图书营销短视频
视频名称	图书营销短视频 .mp4
学习目标	掌握营销类短视频的制作思路

扫码看案例视频　　扫码看案例效果

任务简介

　　无论是食品、化妆品、服饰，还是家电、数码产品，甚至是网络课程，只要是生活中常见的品类都可以进行营销宣传。这类视频需要对产品的属性进行详细介绍，方便有意向购买的群体进行了解，视频的时长不需要太长，因此选择的营销点一定要精准。在制作时，可以加入一些夸张、幽默的素材，增强视频的趣味性，能引导观看者看完，而不是快速划走，提升产品购买的转化率。

　　在这个任务中，需要制作一个图书营销短视频，介绍图书的名称、外观、印刷和能学习到的知识点等。

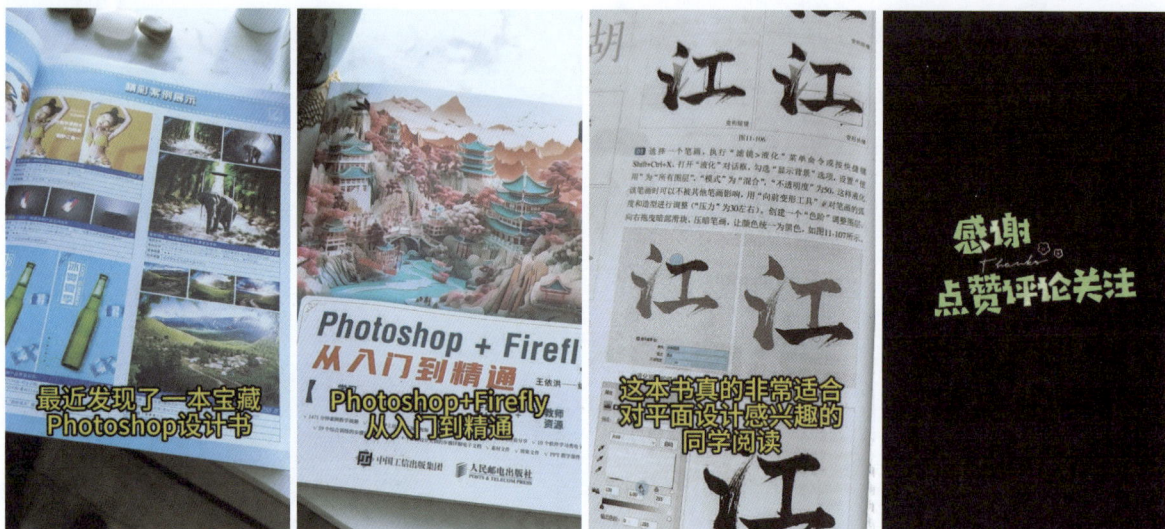

任务要点

◇　使用"文本"中的"添加口播稿"生成语音和文字。
◇　选择"素材库"中的"围观群众"素材并添加到轨道上。
◇　选择"素材库"中的"点赞"素材并添加到指定位置。
◇　选中所有的文字并设置样式。
◇　使用"滤镜"中的"透白"为视频添加滤镜。
◇　使用"音频"中的"小乖乖"作为背景音乐。

任务制作

01 打开剪映专业版，在"首页"界面中单击"开始创作"按钮 开始创作 ，导入学习资源"素材文件>项目8>图书营销短视频"文件夹中的素材文件，如图8-24所示。

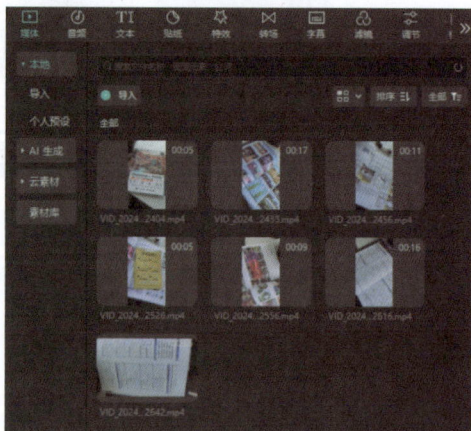

图8-24

148

02 在"文本"中单击"添加口播稿",在弹出的对话框中输入素材文件中的文案内容,如图8-25和图8-26所示。

图8-25

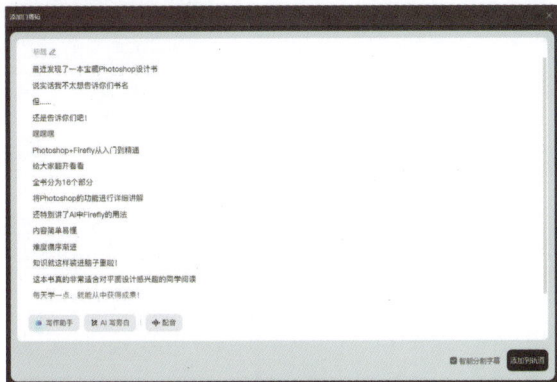

图8-26

03 单击对话框下方的"配音"按钮 ，在语音包中选择"译制片男",然后单击"添加到轨道"按钮 ，如图8-27所示。生成的语音和文字会出现在时间轴中,如图8-28所示。

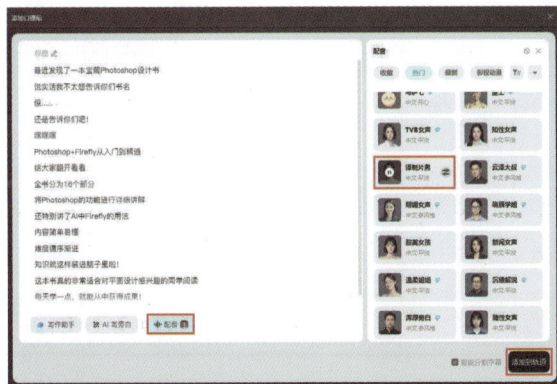

图8-27

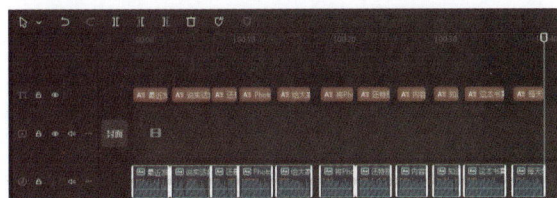

图8-28

04 根据文字内容,将智能拆分的语句进一步拆分,使其更加合理,如图8-29所示。

图8-29

💡 **提示**

拆分时可能会出现文字和语音不对应的情况,可以先删掉文字,拆分完语音后再生成文字,并校对文字内容。

05 按照文字内容,将图书彩页素材添加到轨道上,如图8-30所示。

图8-30

💡 **提示**

原素材是用手机拍摄的,为竖屏形式。将画幅调整为"适应(原始)"模式,如图8-31所示,就能完整显示素材画面。

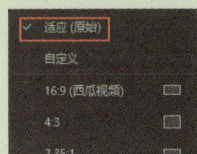

图8-31

06 在"媒体"的"素材库"中搜索"围观群众",然后选择图8-32所示的素材并添加到轨道上,放在"嘿嘿嘿"文字轨道的下方,如图8-33所示。

图8-32

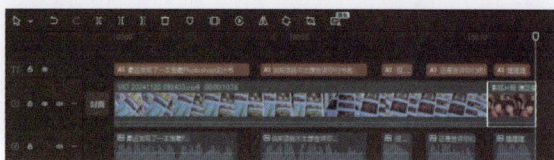

图8-33

> **提示**
>
> 添加的素材是横画幅，保持默认即可。

07 将图书封面素材添加到"围观群众"素材的后面，然后将素材稍微放大一些，如图8-34和图8-35所示。

图8-34

图8-35

08 继续在后面添加目录素材，如图8-36所示。画面效果如图8-37所示。

图8-36

图8-37

09 将图书内容素材添加到后一段文字轨道下方，如图8-38所示。画面效果如图8-39所示。

图8-38

图8-39

10 将和Firefly有关的素材添加到轨道上，如图8-40所示。画面效果如图8-41所示。

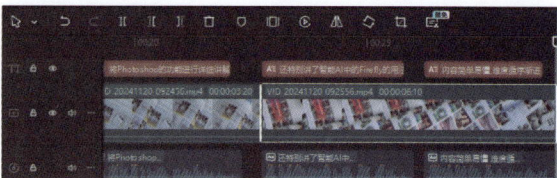

图8-40

图8-41

11 将图书内容素材添加到后一段文字轨道下方，如图8-42所示。画面效果如图8-43所示。

图8-42

图8-43

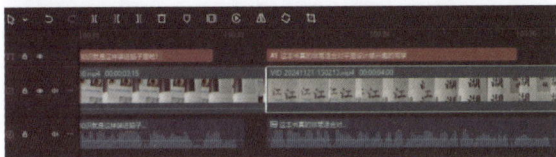

图8-47

12 继续将图书内容素材添加到后方文字轨道下方，如图8-44所示。画面效果如图8-45所示。

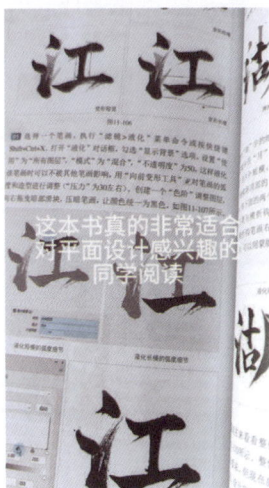

图8-44

14 在"素材库"中搜索"点赞"，选择图8-48所示的素材并添加到末尾，效果如图8-49所示。

图8-48

图8-45

图8-49

13 将最后一段素材添加到最后的文字轨道下方，如图8-46所示。画面效果如图8-47所示。

图8-46

15 选中所有的文字，将其移动到画面下方，并选择一个黑色描边、黄色文字的样式，如图8-50所示。画面效果如图8-51所示。

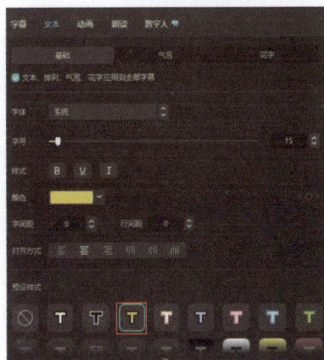

图8-50

图8-51

16 拍摄的素材有一点色差，在"滤镜"中搜索"透白"并添加到拍摄素材的上方，如图8-52所示。

图8-52

💡 **提示**

素材库中的素材不需要添加滤镜。

17 在"音频"中找到"小乖乖"作为背景音乐，添加到时间轴中，如图8-53和图8-54所示。

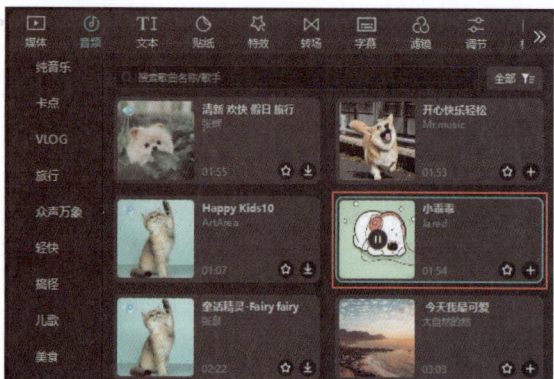

图8-53

图8-54

💡 **提示**

读者需要注意，原素材存在一定杂音，需要使用"音频分离"功能删掉素材中原来的音频，以保证整体音乐干净、无杂音。

18 删掉多余的背景音乐，并将音频末尾弱化，如图8-55所示。

图8-55

19 单击界面右上角的"导出"按钮 ⬆导出，导出制作好的视频，效果如图8-56所示。

图8-56

附录A 商业案例同步实训任务26例

实训项目1: 短视频关键帧动画制作

关键帧动画是剪映制作动画的基础,通过关键帧记录参数随时间的变化是实现动画的根本手段。

实训任务 动感美食文字动画

扫码看教学视频

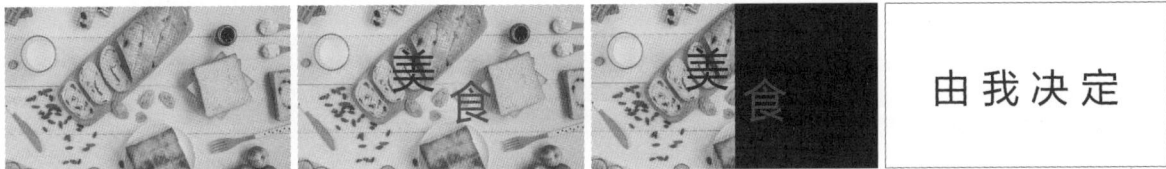

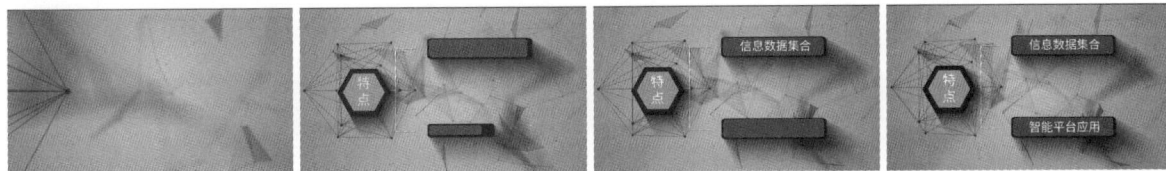

资源文件: 学习资源 > 实训项目 > 实训任务: 动感美食文字动画

在本任务中,需要运用素材和文字制作动感美食动画。

☞ 设计要求

◇ 视频分辨率: 1080P
◇ 视频时长: 7s 以内
◇ 视频格式: MP4

实训任务 动态分类标签

扫码看教学视频

资源文件: 学习资源 > 实训项目 > 实训任务: 动态分类标签

在本任务中,需要在一个现成的动态视频中添加标签文字,然后为文字添加"不透明度"的动画效果。

☞ 设计要求

◇ 视频分辨率: 1080P
◇ 视频时长: 7s 以内
◇ 视频格式: MP4

实训任务　行驶的小汽车

资源文件：学习资源 > 实训项目 > 实训任务：行驶的小汽车

在本任务中，需要在"位置""旋转"两个参数上添加关键帧，制作简单的小汽车行驶动画。

设计要求

- ◇ 视频分辨率：1080P
- ◇ 视频时长：5s 以内
- ◇ 视频格式：MP4

实训任务　卡通片尾

资源文件：学习资源 > 实训项目 > 实训任务：卡通片尾

在本任务中，需要在背景画面中输入文字，然后根据背景动画添加"不透明度""缩放"的关键帧，使其与背景动画合二为一。

设计要求

- ◇ 视频分辨率：1080P
- ◇ 视频时长：10s 以内
- ◇ 视频格式：MP4

实训任务　图形小动画

资源文件：学习资源 > 实训项目 > 实训任务：图形小动画

在本任务中，需要绘制两个矩形，然后为两个矩形制作"缩放""旋转"关键帧动画。

设计要求

- ◇ 视频分辨率：1080P
- ◇ 视频时长：3s 以内
- ◇ 视频格式：MP4

实训项目2：短视频转场设计

视频转场是剪辑视频的重要一环，不同的转场效果，能让画面变得丰富。

实训任务 家居视频转场

资源文件：学习资源 > 实训项目 > 实训任务：家居视频转场

扫码看教学视频

在本任务中，需要为素材文件夹中的图片素材添加多种转场效果。

设计要求

- ◇ 视频分辨率：1080P
- ◇ 视频时长：12s 以内
- ◇ 视频格式：MP4

实训任务 游乐场视频转场

资源文件：学习资源 > 实训项目 > 实训任务：游乐场视频转场

扫码看教学视频

在本任务中，需要为4段游乐场主题的素材添加"不透明度"的过渡，形成转场效果。

设计要求

- ◇ 视频分辨率：1080P
- ◇ 视频时长：4s 以内
- ◇ 视频格式：MP4

实训任务　风景主题相册

资源文件：学习资源 > 实训项目 > 实训任务：风景主题相册

扫码看教学视频

在本任务中，需要运用"缩放""翻页"等转场效果，将4张风景图片连接并过渡，制作主题相册。

☞ 设计要求

◇　视频分辨率：1080P
◇　视频时长：4s 以内
◇　视频格式：MP4

实训任务　商务视频转场

资源文件：学习资源 > 实训项目 > 实训任务：商务视频转场

扫码看教学视频

在本任务中，需要运用学习的转场效果，将4段素材串联为一个商务主题的视频。

☞ 设计要求

◇　视频分辨率：1080P
◇　视频时长：10s 以内
◇　视频格式：MP4

实训任务　国潮主题视频

资源文件：学习资源 > 实训项目 > 实训任务：国潮主题视频

扫码看教学视频

在本任务中，通过学习的内容，运用不同的过渡特效串联国潮主题的素材。

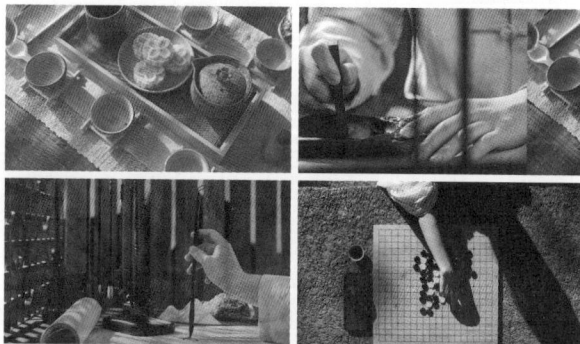

☞ 设计要求

◇　视频分辨率：1080P
◇　视频时长：8s 以内
◇　视频格式：MP4

实训项目3: 短视频特效处理

剪映为用户提供了多种类型的视频特效,可以为视频增强氛围感,丰富视频效果。

实训任务 动态创意片头

资源文件: 学习资源 > 实训项目 > 实训任务: 动态创意片头

使用剪映中的效果,可以实现画面的依次呈现,形成动态创意片头。

扫码看教学视频

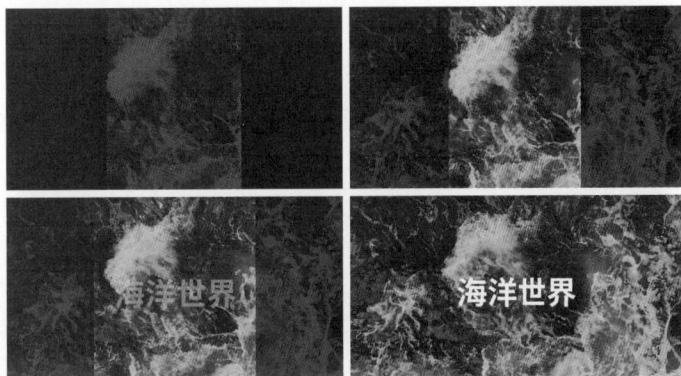

☞ 设计要求

◇ 视频分辨率: 1080P
◇ 视频时长: 3s 以内
◇ 视频格式: MP4

实训任务 倒计时片头

资源文件: 学习资源 > 实训项目 > 实训任务: 倒计时片头

本任务实现画面抽帧效果,完成有老电影质感的倒计时片头。

扫码看教学视频

☞ 设计要求

◇ 视频分辨率: 1080P
◇ 视频时长: 10s 以内
◇ 视频格式: MP4

实训任务 宠物取景视频

资源文件: 学习资源 > 实训项目 > 实训任务: 宠物取景视频

扫码看教学视频

取景对焦时，常常会有画面突然模糊的情况，使用"高斯模糊"就能模拟这一效果。

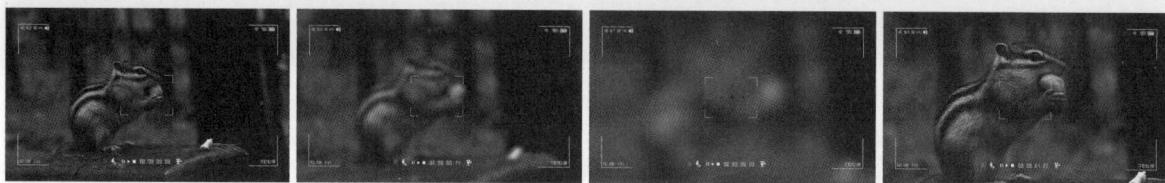

设计要求

◇ 视频分辨率：1080P
◇ 视频时长：6s 以内
◇ 视频格式：MP4

实训任务　发光文字

资源文件：学习资源 > 实训项目 > 实训任务：发光文字

在本任务中，需要使用"发光"实现视频文字的发光效果。

扫码看教学视频

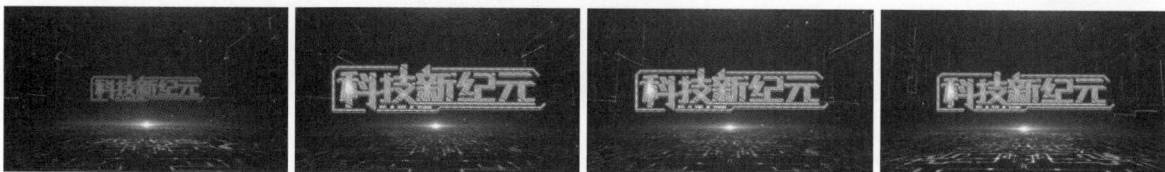

设计要求

◇ 视频分辨率：1080P
◇ 视频时长：5s 以内
◇ 视频格式：MP4

实训任务　唯美色调

资源文件：学习资源 > 实训项目 > 实训任务：唯美色调

在本任务中，需要使用滤镜为图片添加唯美色调，使用"光晕"为画面增加亮点。

扫码看教学视频

设计要求

◇ 图片尺寸：1920 像素 ×1080 像素
◇ 输出类型：图片
◇ 图片格式：JPG

实训项目4: 短视频色调调整

调色是视频剪辑中非常重要的一个环节,一幅作品的颜色很大程度上影响观看者的心理。

实训任务 红色爱心

资源文件:学习资源 > 实训项目 > 实训任务:红色爱心

在本任务中,需要使用HSL将图片中的红色保留,其余颜色都转换为灰度效果。

调整前　　调整后

☞ 设计要求

- ◇ 图片尺寸: 6000 像素 ×4000 像素
- ◇ 输出类型: 图片
- ◇ 图片格式: JPG

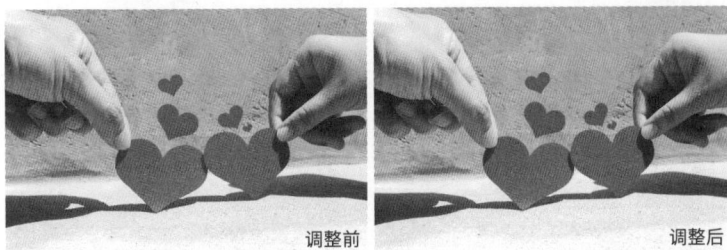

实训任务 旧照片色调

资源文件:学习资源 > 实训项目 > 实训任务:旧照片色调

在本任务中,需要将一张照片处理为旧照片的效果。

调整前　　调整后

☞ 设计要求

- ◇ 图片尺寸: 5618 像素 ×3746 像素
- ◇ 输出类型: 图片
- ◇ 图片格式: JPG

实训任务 小清新色调

资源文件:学习资源 > 实训项目 > 实训任务:小清新色调

在本任务中,需要使用"自定义调节"将一张图片调整为小清新风格的色调。

调整前　　调整后

☞ 设计要求

- ◇ 图片尺寸: 1920 像素 ×1080 像素
- ◇ 输出类型: 图片
- ◇ 图片格式: JPG

实训任务　温馨朦胧画面

资源文件：学习资源 > 实训项目 > 实训任务：温馨朦胧画面

扫码看教学视频

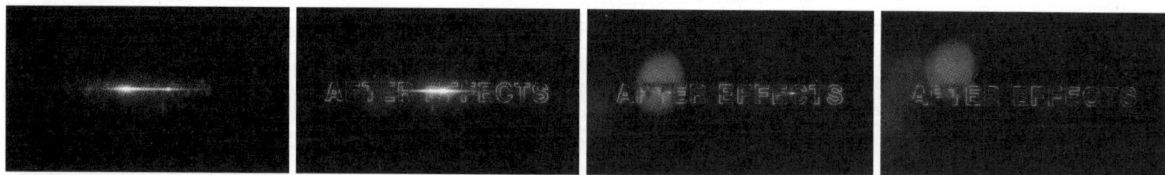

在本任务中，需要将一张图片调整为温馨朦胧的画面效果。

调整前　　　　调整后

设计要求

◇　图片尺寸：1920 像素 ×1080 像素
◇　输出类型：图片
◇　图片格式：JPG

实训任务　夏日荷塘视频

资源文件：学习资源 > 实训项目 > 实训任务：夏日荷塘视频

扫码看教学视频

在本任务中，需要为一段荷塘视频素材调整颜色，使其符合夏日的感觉。

调整前　　　　调整后

设计要求

◇　视频分辨率：1080P
◇　视频要求：5s 以内
◇　视频格式：MP4

实训项目5：After Effects视频后期特效

实训任务　科幻文字片头

资源文件：学习资源 > 实训项目 > 实训任务：科幻文字片头

扫码看教学视频

在本任务中，需要制作具有科幻风格的文字片头，需要为文字制作流光效果，并结合素材的动画效果制作相应的文字动画。

设计要求

◇　视频分辨率：1080P
◇　视频时长：3s 以内
◇　视频格式：MP4

实训任务 机票查询交互界面

资源文件: 学习资源 > 实训项目 > 实训任务: 机票查询交互界面

扫码看教学视频

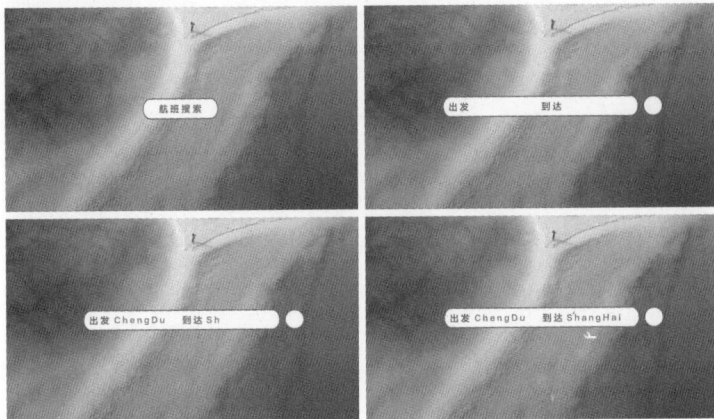

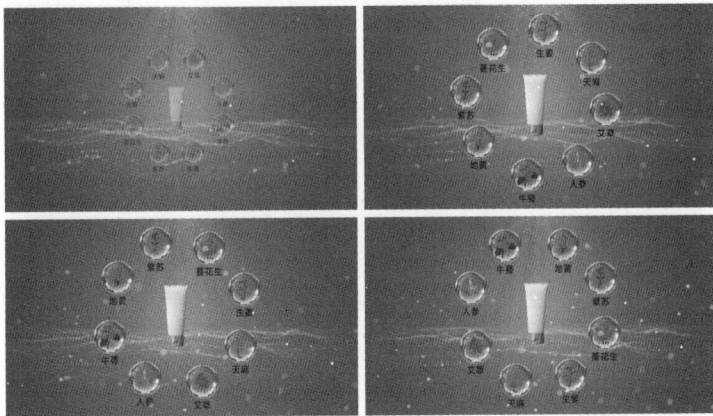

在本任务中,需要制作一个简单的机票查询的交互界面,需要用到绘图工具绘制界面,并添加简单的动画效果。

☞ 设计要求

- ◇ 视频分辨率: 1080P
- ◇ 视频时长: 5s 以内
- ◇ 视频格式: MP4

实训任务 产品展示动画

资源文件: 学习资源 > 实训项目 > 实训任务: 产品展示动画

扫码看教学视频

在本任务中,需要制作一个化妆品的展示动画,除了给素材制作关键帧动画外,还需要用表达式进行配合。

☞ 设计要求

- ◇ 视频分辨率: 1080P
- ◇ 视频时长: 5s 以内
- ◇ 视频格式: MP4

实训任务 聊天视频

扫码看教学视频

资源文件：学习资源 > 实训项目 > 实训任务：聊天视频

　　在本任务中，需要分别制作聊天界面的文字合成和视频合成，然后将这两个合成合在背景画面中。

👉 设计要求

- ◇ 视频分辨率：1080P
- ◇ 视频时长：6s 以内
- ◇ 视频格式：MP4

实训任务 栏目片尾

扫码看教学视频

资源文件：学习资源 > 实训项目 > 实训任务：栏目片尾

　　栏目片尾在栏目包装中比较常见。在本任务中，需要运用一个演播室素材制作栏目片尾，并合成主持人和背景视频。

👉 设计要求

- ◇ 视频分辨率：1080P
- ◇ 视频时长：10s 以内
- ◇ 视频格式：MP4

实训任务　MG片头动画

资源文件：学习资源 > 实训项目 > 实训任务：MG 片头动画

　　本任务的MG片头动画制作难度不是很高，需要绘制一些元素，再将其拼合在一起，从而形成一段完整的动画。

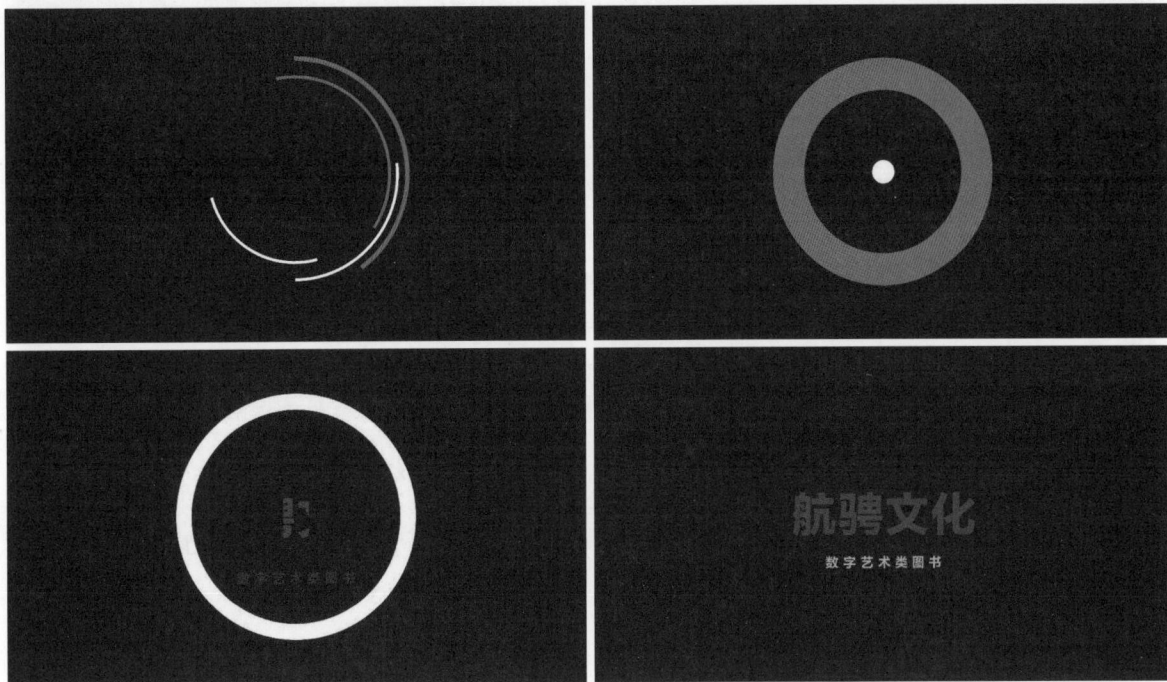

☞ 设计要求

◇　视频分辨率：1080P
◇　视频时长：4s 以内
◇　视频格式：MP4

附录B 剪映任务学习单与评价单
（活页卡片）

使用方法

根据学生学习的认知特点与学习习惯，以及学习过程中"读、听、看、说、做"所取得的知识构建效果，将本课程分成如下几个授课阶段，以便于教师教学参考。

对于第1个阶段的教师，建议根据课程标准，采用"直接讲授并实际操作"的教学手段。要求学生利用动画微课做好课前预习，通过自主学习提前了解课程的知识点，为课堂上教师的直接示范讲解的教学内容做好知识准备，便于学生有效地跟进学习内容；要求教师上课时以任务学习单作为辅助，在学生实际操作的过程中进一步促进"学做结合"。**建议该阶段占不少于总授课过程的30%。**

对于第2个阶段的教师，建议适当采用"行动导向"的教学方法。这对教师驾驭课堂和知识的能力有更高的要求，且需在完成50%的教学内容后进行。教师上课时向学生发放任务学习单，并按照下图顺序参与到每组学生的探究学习过程中。教师要有目的地组织学生在真实或接近真实的工作任务中，参与信息收集、计划制订、决策、计划实施、检查调整、评估反馈等职业活动。通过发现、分析和解决实际工作中出现的问题，总结和反思学习过程，让学生获得相关职业所需的知识，提升实践能力。最后，教师需对学生的表现进行评价和总结。**建议该阶段占不超过总授课过程的50%。**

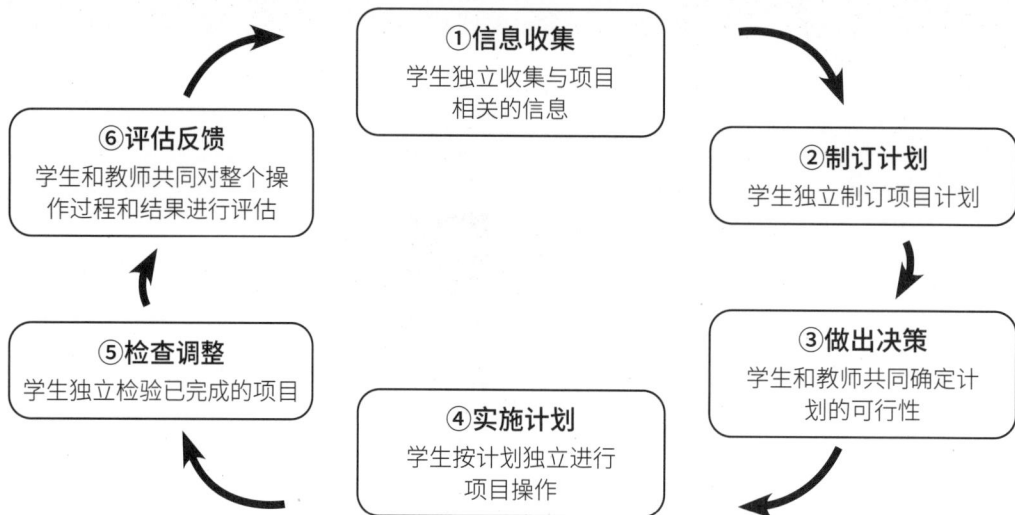

对于第3个阶段的教师，建议适当采用"翻转课堂"的教学手段，以达到增加学生学习新鲜感的教学目的。这要求学生具备较高的自主学习能力和较强烈的求知欲望。教师在下课前布置好下节课要完成的任务，学生根据任务学习单，自主利用网络解决任务中提出的关键性问题。在课堂上，学生先进行自我思考，然后进行小组交流，最后向全班同学分享自己的见解。这一过程有助于学生搭建起知识的框架，加深学生对知识的理解，实现知识的内化。**建议该阶段占不超过总授课过程的20%。**

剪映短视频后期制作（案例微课版）项目1 任务学习单

项目名称	学号	小组号	组长姓名	学生姓名
剪映字幕与片头添加主题制作				

	一、剪映有哪些版本？不同版本的剪映的使用方法有何不同？剪映App预览区不同按钮的功能是什么？剪映App时间轴的功能分布是怎样的？ （提示：采用百度查询法、小组讨论法或资料查询法）
学生自主 任务实施	
	二、你知道剪映App工具栏中的编辑工具类型吗？工具栏中都包括哪些工具？这些工具的作用是什么？ （提示：采用上机实操法、资料查询法、小组讨论法、小组间竞争抢答法）
	三、在剪映中，如何导入所需素材？如何对视频进行裁剪？如何添加文字并设置文字样式？如何套用文字模板？ （提示：采用百度查询法、资料查询法、小组讨论法）
	四、在剪映中，如何生成所需文案？如何识别字幕和歌词？如何使用"智能剪口播"？如何删除和修改口播文字？ （提示：采用百度查询法、资料查询法、上机实操法、小组讨论法、小组间竞争抢答法）
	五、剪映和其他视频剪辑软件有何联系？在剪映中，如何用指定图片来制作封面？如何导出MP4格式视频？ （提示：采用上机实操法、联想回忆法、小组讨论法、小组间竞争抢答法）

任务总结	一、存在其他问题与解决方案
	（提示：采用"拨号抢答"的方式。教师公布个人手机号码，学生进行拨号，由教师手机来电显示的手机号码的学生来回答问题或分享见解。建议给回答问题的学生双倍分值）
	二、收获与体会
	三、其他建议

剪映短视频后期制作（案例微课版）项目1 任务评价单

班级		学号		姓名		日期		成绩	
小组成员 （姓名）									

职业能力评价	分值	自评 （10%）	组长评价 （20%）	教师综合评价 （70%）
完成任务思路	5			
信息收集情况	5			
团队合作	10			
学习态度	10			
考勤	10			
演讲与答辩	35			
按时完成任务	15			
善于总结	10			
合计评分	100			

剪映短视频后期制作（案例微课版） 项目2 任务学习单

项目名称	学号	小组号	组长姓名	学生姓名
剪映配音与音频编辑主题制作				

学生自主任务实施	一、在剪映中，背景音乐和音效起到什么作用？如何添加所需音乐？如何用"AI音乐"生成所需音乐？ （提示：采用百度查询法、小组讨论法、资料查询法）
	二、"数字人"是什么？如何使用"数字人"制作视频？如何把现有文字转换成音频？ （提示：采用上机实操法、资料查询法、小组讨论法、小组间竞争抢答法）
	三、在剪映中，如何更改语音音色？如何更改音乐风格？如何更改音频的速度？如何去掉音频中的噪声？ （提示：采用百度查询法、资料查询法、小组讨论法）
	四、常见的音乐卡点、很有节奏感的短视频是如何制作的？如何根据音乐节拍来踩点？ （提示：采用百度查询法、资料查询法、上机实操法、小组讨论法、小组间竞争抢答法）
	五、剪映和其他视频剪辑软件在音频编辑上有何不同？ （提示：采用上机实操法、联想回忆法、小组讨论法、小组间竞争抢答法）

一、存在其他问题与解决方案
（提示：采用"拨号抢答"的方式。教师公布个人手机号码，学生进行拨号，由教师手机来电显示的手机号码的学生来回答问题或分享见解。建议给回答问题的学生双倍分值）

二、收获与体会

三、其他建议

任务总结

剪映短视频后期制作（案例微课版）项目2 任务评价单

班级		学号	姓名	日期	成绩
小组成员 （姓名）					

职业能力评价	分值	自评 （10%）	组长评价 （20%）	教师综合评价 （70%）
完成任务思路	5			
信息收集情况	5			
团队合作	10			
学习态度	10			
考勤	10			
演讲与答辩	35			
按时完成任务	15			
善于总结	10			
合计评分	100			

剪映短视频后期制作（案例微课版） 项目3 任务学习单

项目名称	学号	小组号	组长姓名	学生姓名
剪映转场与衔接剪辑 主题制作				

学生自主 任务实施	一、剪映中有哪些常用的转场效果？它们分别适用于什么样的场景？如何在剪映中调整转场的持续时间？调整转场时间对视频节奏有什么影响？ （提示：采用百度查询法、小组讨论法、资料查询法）
	二、在剪映中，如何通过手动调整关键帧来实现更精细的转场效果？ （提示：采用上机实操法、资料查询法、小组讨论法、小组间竞争抢答法）
	三、在剪映中，如何利用遮罩素材进行转场来创造独特的视觉效果？具体步骤是什么？ （提示：采用百度查询法、资料查询法、小组讨论法）
	四、剪映中的"动感模糊"转场效果是如何实现的？它适用于哪些视频风格？ （提示：采用百度查询法、资料查询法、上机实操法、小组讨论法、小组间竞争抢答法）
	五、在剪映中，如何通过"滤镜"功能使不同片段的色调一致，从而提升转场的自然感？ （提示：采用上机实操法、联想回忆法、小组讨论法、小组间竞争抢答法）

任务总结	一、存在其他问题与解决方案 （提示：采用"拨号抢答"的方式。教师公布个人手机号码，学生进行拨号，由教师手机来电显示的手机号码的学生来回答问题或分享见解。建议给回答问题的学生双倍分值） 二、收获与体会 三、其他建议

剪映短视频后期制作（案例微课版） 项目3 任务评价单

班级		学号		姓名		日期		成绩	
小组成员 （姓名）									

职业能力评价	分值	自评 （10%）	组长评价 （20%）	教师综合评价 （70%）
完成任务思路	5			
信息收集情况	5			
团队合作	10			
学习态度	10			
考勤	10			
演讲与答辩	35			
按时完成任务	15			
善于总结	10			
合计评分	100			

剪映短视频后期制作（案例微课版）项目4任务学习单

项目名称	学号	小组号	组长姓名	学生姓名
剪映特效创作 主题制作				

学生自主 任务实施	一、剪映中有哪些常用的特效类型？它们分别适用于什么样的视频风格？如何在剪映中添加特效，调整特效的强度或其他参数？具体步骤是什么？ （提示：采用百度查询法、小组讨论法、资料查询法） 二、剪映中有哪些常用的滤镜类型？如何根据视频内容选择合适的滤镜？如何在剪映中使用光影特效来增强视频的氛围感？有哪些常见的光影特效？ （提示：采用上机实操法、资料查询法、小组讨论法、小组间竞争抢答法） 三、如何在剪映中为文字添加特效？有哪些创意的文字动画效果可以使用？剪映的分屏特效是如何实现的？它适合哪些多画面展示的场景？ （提示：采用百度查询法、资料查询法、小组讨论法） 四、如何在剪映中使用模糊特效来突出视频中的某个主体？具体操作步骤是什么？剪映的时间特效（如慢动作、快进、倒放）如何应用？它们对视频叙事有什么帮助？ （提示：采用百度查询法、资料查询法、上机实操法、小组讨论法、小组间竞争抢答法） 五、如何在剪映中制作蒙版特效？蒙版特效如何帮助实现创意的画面分割或过渡？如何在剪映中制作镜头晃动特效？镜头晃动特效适合哪些类型的视频风格？ （提示：采用上机实操法、联想回忆法、小组讨论法、小组间竞争抢答法）

任务总结

一、存在其他问题与解决方案
（提示：采用"拨号抢答"的方式。教师公布个人手机号码，学生进行拨号，由教师手机来电显示的手机号码的学生来回答问题或分享见解。建议给回答问题的学生双倍分值）

二、收获与体会

三、其他建议

剪映短视频后期制作（案例微课版） 项目4 任务评价单

班级		学号	姓名	日期	成绩
小组成员 （姓名）					
职业能力评价	分值	自评 （10%）	组长评价 （20%）	教师综合评价 （70%）	
完成任务思路	5				
信息收集情况	5				
团队合作	10				
学习态度	10				
考勤	10				
演讲与答辩	35				
按时完成任务	15				
善于总结	10				
合计评分	100				

剪映短视频后期制作（案例微课版） 项目5 任务学习单

项目名称	学号	小组号	组长姓名	学生姓名
剪映调色与精细调控 主题制作				

学生自主 任务实施	一、剪映的"调色"功能有哪些核心工具？它们分别对画面色彩有什么影响？ （提示：采用百度查询法、小组讨论法或资料查询法） 二、如何在剪映中调整视频的"白平衡"？白平衡对画面色调的整体效果有什么影响？剪映的HSL工具是什么？如何利用HSL工具单独调整某种颜色的色相、饱和度和亮度？ （提示：采用上机实操法、资料查询法、小组讨论法、小组间竞争抢答法） 三、剪映的"色调分离"功能是什么？如何利用它增强画面的色彩层次感？如何在剪映中调整视频的"对比度""亮度"？它们对画面氛围的塑造有什么作用？ （提示：采用百度查询法、资料查询法、小组讨论法） 四、如何在剪映中实现褪色效果？它适合哪些类型的视频？ （提示：采用百度查询法、资料查询法、上机实操法、小组讨论法、小组间竞争抢答法） 五、如何用剪映单独调整某些片段的色彩？如何对画面中的特定区域进行精细的色彩调整？ （提示：采用上机实操法、联想回忆法、小组讨论法、小组间竞争抢答法）

任务总结	一、存在其他问题与解决方案 （提示：采用"拨号抢答"的方式。教师公布个人手机号码，学生进行拨号，由教师手机来电显示的手机号码的学生来回答问题或分享见解。建议给回答问题的学生双倍分值） 二、收获与体会 三、其他建议

剪映短视频后期制作（案例微课版） 项目5 任务评价单

班级		学号		姓名		日期		成绩	
小组成员 （姓名）									
职业能力评价	分值	自评 （10%）		组长评价 （20%）		教师综合评价 （70%）			
完成任务思路	5								
信息收集情况	5								
团队合作	10								
学习态度	10								
考勤	10								
演讲与答辩	35								
按时完成任务	15								
善于总结	10								
合计评分	100								

剪映短视频后期制作（案例微课版）项目6任务学习单

项目名称	学号	小组号	组长姓名	学生姓名
剪映合成与蒙版编辑主题制作				

<table>
<tr><td rowspan="10">学生自主任务实施</td><td colspan="4">一、剪映的"蒙版"功能是什么？它如何帮助实现画面合成与局部调整？如何在剪映中添加"线性"蒙版？"线性"蒙版适合哪些场景？
（提示：采用百度查询法、小组讨论法、资料查询法）</td></tr>
<tr><td colspan="4"></td></tr>
<tr><td colspan="4">二、剪映的"圆形"蒙版如何使用？它如何帮助聚焦画面中的某个主体或区域？如何在剪映中使用"矩形"蒙版创建遮罩效果？具体步骤是什么？
（提示：采用上机实操法、资料查询法、小组讨论法、小组间竞争抢答法）</td></tr>
<tr><td colspan="4"></td></tr>
<tr><td colspan="4">三、剪映的"蒙版"功能是什么？如何利用它绘制自定义形状的遮罩？如何在剪映中调整蒙版的"羽化"值？羽化对蒙版边缘的过渡效果有什么影响？
（提示：采用百度查询法、资料查询法、小组讨论法）</td></tr>
<tr><td colspan="4"></td></tr>
<tr><td colspan="4">四、剪映的"蒙版反转"功能是什么？它如何帮助实现反向遮罩效果？如何在剪映中利用"蒙版"功能实现画面合成？具体步骤是什么？
（提示：采用百度查询法、资料查询法、上机实操法、小组讨论法、小组间竞争抢答法）</td></tr>
<tr><td colspan="4"></td></tr>
<tr><td colspan="4">五、在剪映中如何实现蒙版与文字的结合效果？剪映如何帮助实现创意的文字遮罩效果？在剪映中如何实现蒙版与特效的结合效果？它如何帮助实现更复杂的视觉效果？
（提示：采用上机实操法、联想回忆法、小组讨论法、小组间竞争抢答法）</td></tr>
<tr><td colspan="4"></td></tr>
</table>

任务总结	一、存在其他问题与解决方案 （提示：采用"拨号抢答"的方式。教师公布个人手机号码，学生进行拨号，由教师手机来电显示的手机号码的学生来回答问题或分享见解。建议给回答问题的学生双倍分值） 二、收获与体会 三、其他建议

剪映短视频后期制作（案例微课版） 项目6 任务评价单

班级		学号		姓名		日期		成绩	
小组成员 （姓名）									
职业能力评价	分值	自评 （10%）		组长评价 （20%）		教师综合评价 （70%）			
完成任务思路	5								
信息收集情况	5								
团队合作	10								
学习态度	10								
考勤	10								
演讲与答辩	35								
按时完成任务	15								
善于总结	10								
合计评分	100								

剪映短视频后期制作（案例微课版） 项目7 任务学习单

项目名称	学号	小组号	组长姓名	学生姓名
剪映Vlog短视频 综合案例制作				

<table>
<tr>
<td rowspan="10">学生自主
任务实施</td>
<td>一、在制作旅拍Vlog短视频时，如何利用剪映的"剪辑"功能快速整理和筛选素材？有哪些技巧可以提高效率？剪映的转场效果在夏日生活Vlog短视频中如何应用？哪些转场效果适合表现夏日的轻松氛围？
（提示：采用百度查询法、小组讨论法或资料查询法）</td>
</tr>
<tr><td></td></tr>
<tr>
<td>二、如何在剪映中使用"滤镜"功能为旅拍Vlog短视频添加统一的色调风格？有哪些适合旅拍的滤镜？
（提示：采用上机实操法、资料查询法、小组讨论法、小组间竞争抢答法）</td>
</tr>
<tr><td></td></tr>
<tr>
<td>三、剪映的"字幕"功能如何为夏日生活Vlog短视频添加动态文字说明？有哪些适合夏日的字幕样式？
（提示：采用百度查询法、资料查询法、小组讨论法）</td>
</tr>
<tr><td></td></tr>
<tr>
<td>四、如何在剪映中使用"音效""背景音乐"为旅拍Vlog短视频增强氛围感？有哪些适合旅拍类短视频的音乐？
（提示：采用百度查询法、资料查询法、上机实操法、小组讨论法、小组间竞争抢答法）</td>
</tr>
<tr><td></td></tr>
<tr>
<td>五、如何在剪映中使用"模板"功能快速制作旅拍Vlog短视频？有哪些适合旅拍类短视频的模板？如何根据需求自定义模板？
（提示：采用上机实操法、联想回忆法、小组讨论法、小组间竞争抢答法）</td>
</tr>
<tr><td></td></tr>
</table>

任务总结	一、存在其他问题与解决方案 （提示：采用"拨号抢答"的方式。教师公布个人手机号码，学生进行拨号，由教师手机来电显示的手机号码的学生来回答问题或分享见解。建议给回答问题的学生双倍分值） 二、收获与体会 三、其他建议

剪映短视频后期制作（案例微课版） 项目7 任务评价单

班级		学号		姓名		日期		成绩	
小组成员 （姓名）									

职业能力评价	分值	自评 （10%）	组长评价 （20%）	教师综合评价 （70%）
完成任务思路	5			
信息收集情况	5			
团队合作	10			
学习态度	10			
考勤	10			
演讲与答辩	35			
按时完成任务	15			
善于总结	10			
合计评分	100			

剪映短视频后期制作（案例微课版） 项目8 任务学习单

项目名称	学号	小组号	组长姓名	学生姓名
剪映营销短视频 综合案例制作				

<table>
<tr><td rowspan="10">学生自主
任务实施</td><td>一、在制作咖啡店宣传短视频时，如何利用剪映的"剪辑"功能突出咖啡店的氛围和产品特点？有哪些剪辑技巧？如何在剪映中使用"滤镜"功能为咖啡店宣传短视频营造温馨或时尚的色调风格？有哪些适合的滤镜？
（提示：采用百度查询法、小组讨论法或资料查询法）</td></tr>
<tr><td></td></tr>
<tr><td>二、剪映的转场效果在图书营销短视频中如何应用？哪些转场效果适合表现图书的主题和内容？
（提示：采用上机实操法、资料查询法、小组讨论法、小组间竞争抢答法）</td></tr>
<tr><td></td></tr>
<tr><td>三、剪映的"变速"功能如何帮助提升图书营销短视频的节奏感？在哪些场景下适合使用慢动作或快进效果？
（提示：采用百度查询法、资料查询法、小组讨论法）</td></tr>
<tr><td></td></tr>
<tr><td>四、如何在剪映中使用"贴纸""特效"为咖啡店宣传短视频增添趣味性？有哪些适合咖啡店的贴纸？
（提示：采用百度查询法、资料查询法、上机实操法、小组讨论法、小组间竞争抢答法）</td></tr>
<tr><td></td></tr>
<tr><td>五、如何在剪映中使用"模板"功能快速制作咖啡店宣传短视频或图书营销短视频？有哪些适合的模板？如何根据需求自定义模板？
（提示：采用上机实操法、联想回忆法、小组讨论法、小组间竞争抢答法）</td></tr>
<tr><td></td></tr>
</table>

任务总结	一、存在其他问题与解决方案 （提示：采用"拨号抢答"的方式。教师公布个人手机号码，学生进行拨号，由教师手机来电显示的手机号码的学生来回答问题或分享见解。建议给回答问题的学生双倍分值） 二、收获与体会 三、其他建议

剪映短视频后期制作（案例微课版） 项目8 任务评价单

班级		学号		姓名		日期		成绩	
小组成员 （姓名）									

职业能力评价	分值	自评 （10%）	组长评价 （20%）	教师综合评价 （70%）
完成任务思路	5			
信息收集情况	5			
团队合作	10			
学习态度	10			
考勤	10			
演讲与答辩	35			
按时完成任务	15			
善于总结	10			
合计评分	100			